DAS GROSSE HÜHNERLEXIKON

Hühnerhaltung für Einsteiger

Alles über artgerechte Haltung im eigenen Garten und Hühnerstall, Ernährung, Züchtung, Pflege und vieles mehr - Der praxisnahe Leitfaden

INHALT

Vorwort

Was war zuerst da, das Huhn oder das Ei? Wie fast jeder Mensch in unserem Sprachraum haben sicher auch Sie von dieser Frage gehört und wahrscheinlich können Sie sich schon vorstellen, dass es bei der Beantwortung der Frage nicht bei den beiden Antwortmöglichkeiten bleiben kann. Im Endeffekt kann es uns heute auch egal sein, was zuerst da war, ob das Huhn oder das Ei. Heute ist die Erkenntnis wichtig, dass es Hühner gibt, die Eier legen, um den Fortbestand ihrer Rasse zu sichern.

Sicher haben Sie schon einen etwas tieferen Einblick in dieses umfangreiche Thema erhalten können und interessieren sich nur beiläufig für diese Frage. Sie haben sich bewusst für die Haltung von Hühnern entschieden oder überlegen es sich noch. Haben Sie diesen Entschluss gefasst, so beschäftigen Sie bald weitaus mehr Fragen rund um das Thema Hühnerhaltung. Gerade in den heutigen Zeiten, in denen eine der wichtigsten Herausforderungen die nachhaltige Gestaltung des eigenen Lebensstils ist, ist beispielsweise auch die eigene Beschaffung von Eiern ein wichtiger Ansatzpunkt, um diese Probleme lösen zu können. Neben verschiedenen Gemüse- und Obstsorten, die Sie im Supermarkt kaufen, aber auch im Garten anbauen können, ist es Ihnen auch möglich, von den billigen Eiern aus dem Supermarkt wegzugehen und sich selbst um einen weiteren Zweig Ihrer Lebensmittel zu kümmern.

Schon seit vielen Jahren ist die Massentierhaltung in deutschen und anderen europäischen Mastbetrieben enorm in die Kritik geraten. Vor allem Hühner werden hier schlichtweg gezüchtet, um Eier zu produzieren oder um letztendlich ertragreich geschlachtet zu werden. Wie ein Huhn dabei fühlt oder welche Nahrungsmittel es bekommt, spielt hierbei im besten Fall eine kleine Nebenrolle. So werden Hühner mancherorts so vollgestopft, dass sie kaum mehr stehen können, aber ordentlich Kilogramm Fleisch auf die Waage bringen. Das ist das, was in den großen Konzernen zählt: Profit.

Mit der Haltung Ihrer eigenen Hühner können Sie sich einerseits eine stete Aufgabe in Ihr Leben holen, der Sie gewissenhaft nachgehen können, andererseits haben Sie dadurch die Möglichkeit, sich um die Produkte Ihres täglichen Bedarfs ganz allein zu kümmern und diese nachhaltig und natürlich reifen zu lassen.

Haben Sie Platz auf Ihrem Grundstück oder in Ihrem Garten, so sind auch gestalterischen Fantasien keine Grenzen gesetzt, denn Hühner passen sich hervorragend an alle Gegebenheiten an. Glückliche Hühner haben schlichtweg eine bessere Qualität.

Nicht nur deshalb sollten Sie sich jeden einzelnen Schritt dieses Ratgebers genau durchlesen und somit ein wahrer Hühnerfreund werden. Durch die Haltung Ihrer eigenen Hühner werden Sie sich schnell in einer neuen, für Sie positiveren Welt sehen, in der Sie eine wichtige und verantwortungsvolle Aufgabe besitzen.

Geschichte

Vor allem, wenn Sie sich mit der Geschichte des Huhns oder des Eis beschäftigen, kommen Sie ebenfalls wieder nicht um die Frage herum, was nun zuerst da war, das Huhn oder das Ei. Wie bereits erwähnt, lässt sich diese Frage nicht ganz so einfach beantworten. Um es einfach zu halten, wird die Frage meistens damit beantwortet, dass das Huhn zuerst da war und das Ei dann vom Huhn gelegt wurde. Wissenschaftlich bewiesen ist hierbei jedoch gar nichts, im Gegenteil: Wissenschaftler fanden nämlich heraus, dass das Ei schon eine lange Zeit vor dem Huhn existierte. Natürlich dürfen Sie sich das nicht so vorstellen, wie es heutzutage in Erscheinung tritt, aber Forschungen zufolge liegt die Entwicklung des Eis schon eine Milliarde Jahre zurück.

Die Abstammung unserer heutigen Hühner kann man auf sogenannte aufgetakelte Reptilien zurückführen. Diese aufgetakelten Reptilien waren eine Art Raubsaurier, die nicht ganz ungefährlich waren und die Eier legten. Im Laufe der Zeit – in diesem Fall mehrere Millionen Jahre – entwickelten sich diese Raubsaurier zu den Hühnern von heute, die natürlich viel weniger Gewicht haben und vor allem keine Schuppen mehr tragen, sondern Federn. Betrachten Sie ein Huhn jedoch genauer, so werden Ihnen dennoch die Schuppen an den Füßen der Zweibeiner auffallen, die praktisch ein Überrest der Vorfahren sind. Auch das Legen von Eiern hat sich bis heute nicht verändert, nur die Hülle, die Eierschale, ist heute durch eine festere Kalkschale noch besser gesichert.

Das Huhn in Europa

Das Huhn tauchte in Europa zunächst nicht als geschriebenes Wort auf, aber bereits etwa 800 v. Chr. entstanden im griechischen Kulturraum Vasen, die Hühner abbildeten. Damals wurden Sie vermutlich jedoch nicht als Nahrungsquelle gehalten, sondern vor allem für

Hahnenkämpfe. Bereits hier entwickelte sich der Hahn zu einer Art Symbol und wurde häufig als Signum für Krieger verwendet, die den Hahn auf ihrer Rüstung oder ihren Schilden trugen.

Um Hühner als Nahrungsquelle zu sehen, brauchte es dann aber noch seine Zeit und so verbreiteten erst die Römer das Huhn im europäischen Raum als Haushuhn. Bereits hier wurde das Huhn als Fleischlieferant gesehen und auch die Eier wurden damals schon verspeist. Diese Kultur wurde durch die Siegeszüge der Römer auf den Rest des Kontinents ausgeweitet.

Das Huhn in China

In China erhielt das Huhn den Stellenwert eines Haustieres bereits im 6. Jahrtausend v. Chr. und wurde dort seitdem auch geschlachtet und verspeist. In Asien wurden diese Hühner somit schon gehalten, bevor die dortigen Regionen zur Landwirtschaft urbar gemacht wurden. Die genauen Zahlen wurden im Normalfall durch die Untersuchung alter Knochen nachgewiesen. So genau kann man die Datierung aber nicht immer nehmen. In diesem speziellen Fall und aufgrund der Tatsache, dass die Haltung von Hühnern einer allgemeinen Landwirtschaftsnutzung vorausging, stellte man die Ergebnisse verschiedener Untersuchungen jedoch infrage.

Eine These ist hier, dass bei Untersuchungen nicht das Alter der gefundenen Knochen überprüft wurde, sondern das Alter der verschiedenen Erdschichten, in denen man die Knochen gefunden hatte. Grundsätzlich gilt eine solche Untersuchung als problematisch. Zuerst schriftlich wurde das Huhn in China und dem Rest Asiens etwa 1400 v. Chr. erwähnt, was als sehr guter Indikator angegeben werden kann, da das Huhn auch im Alten Ägypten bereits zu dieser Zeit erwähnt wurde.

Das Huhn in der Indus-Kultur und im Alten Ägypten

In der Indus-Kultur entstand die Domestikation von Hühnern bereits 2500 v. Chr., wohingegen dieser Prozess im Alten Ägypten erst 1500 v. Chr. seinen Lauf nahm. Ab diesem Zeitpunkt hielten sich die Menschen, die in den Regionen lebten, Hühner bei sich zu Hause. Im Alten Ägypten fand man Hühner sogar auf Inschriften in Tempelanlagen. Hier wurden sie unter anderem als Tributzahlungen nach Kriegen und Feldzügen für unterworfene Länder aufgeführt. Jedoch gehen auch bei diesen Deutungen wieder die Meinungen der Experten auseinander, wodurch sich die Jahreszahl nicht exakt ermitteln lässt. Die Vielzahl der Wissenschaftler ist sich jedoch bei einer Darstellung eines Hahns auf einem kleinen Kalkstein einig, den Howard Carter, Entdecker des Grabs von Tutanchamun, fand. Dieser kleine Kalkstein kann eindeutig auf die Jahre zwischen 1300 v. Chr. und 1100 v. Chr. datiert werden.

Das Huhn in der Neuzeit

Bis hinein ins 19. Jahrhundert war der ländliche Raum in Europa isoliert und somit auch in häufigen Teilen abgeschnitten von städtischer Zivilisation. Dies hatte zur Folge, dass mit Gewürzen, anderen Waren, aber auch mit Tieren nur in den Städten gehandelt wurde und der Handel schließlich im ländlichen Raum praktisch nicht stattfand. Durch diesen geringen Austausch von Tieren und im Speziellen auch Hühnern entwickelten sich zahlreiche ländliche Rassen, die auch als Landrassen betitelt werden.

Im 18. Jahrhundert entwickelten sich so etwas wie Zuchtstandards und in der zweiten Hälfte des 19. Jahrhunderts wurden die ersten Zuchtverbände gegründet. Speziell in Großbritannien trug man zu einer Leistungsverbesserung von Hühnerrassen bei, hier im Speziellen durch Königin Victoria. Die Königin und ihr Reich, welches damals noch zahlreiche Kolonien in der ganzen Welt besaß, ließen sich immer wieder

Gegenstände oder auch Tiere aus ihrem gigantischen British Empire mitbringen. So hatte auch der Polarforscher und Seefahrer Edward Belcher, der 1842 von einer Asienreise zurückkehrte, wieder etwas im Gepäck. Belcher schenkte der Königin und ihrem Gemahl fünf Hennen und zwei Hähne aus Asien, die sich von den britischen Dorking-Hühnern deutlich unterschieden. Diese asiatischen Hühner waren viel zahmer, dennoch größer gebaut und hatten weiterhin eine reiche Befiederung. Woher Belcher diese Hennen und Hähne genau hatte, weiß man heute nicht mehr, jedoch wird Malaysia als Herkunftsort vermutet.

Mit Erhalt des Geschenks errichtete Königin Victoria schließlich eine sogenannte Voliere und begann mit der Zucht einer neuen Rasse. Im Laufe der Jahre verschenkte die Königin immer mehr Eier an andere Königshäuser in Europa und somit verbreitete sich diese seltene und vorteilhafte Hühnerrasse in ganz Europa. Heute wird die Rasse dieser Hühner als Cochin bezeichnet.

Durch diese Kreuzungen und Züchtungen verbreiteten sich im Lauf der Jahre viele Hühnerrassen in ganz Europa und auch der Konsum an sich wurde ein immer wichtigerer Faktor. So ist das Gefieder der heutigen Konsumgesellschaft egal geworden, hier heißt es nur noch viel und billig. Gerade in den letzten Jahrzehnten stieg die Nachfrage nach Hühnerfleisch enorm. Zwischen 1960 und 2010 stieg der jährliche Konsum pro Kopf von 2,4 Kilogramm auf 11 Kilogramm und hat sich somit mehr als vervierfacht. Jedoch geht auch der Trend der eigenen Hühnerhaltung wieder in eine aufsteigende Richtung, um auch hier wieder eine gewisse Verbindung zum Tier zu erschaffen. Denn Nachhaltigkeit ist einer der wichtigsten Faktoren, die die Hühnerproduktion im großen Stile missachtet.

Rassen

Durch jahrelange Kreuzung und Züchtung einzelner Rassen existieren heute Milliarden verschiedener Hühnerrassen und hierbei bleibt zu sagen, dass längst nicht alle Hühner der Welt statistisch erfasst sind. Beschränkt man die Anzahl auf den europäischen Raum, so entsteht ein klares Bild und eine geordnete Übersicht über die Rassen, die im sogenannten europäischen Geflügelstandard gelistet sind. Demnach existieren in Europa über 180 Hühnerrassen, die wiederum in Varietät geführt werden, da auch verschiedene Farbvariationen aufgeführt sind.

Diese über 180 Hühnerrassen sind in Deutschland das Ergebnis von 44 Millionen Legehühnern, die in großen Zuchtbetrieben und in privaten Gärten beheimatet sind. Diese Legehühner sind jedoch keine reinrassigen Hühner, sondern sogenannte Hybridrassen, die vor allem für eine gewerbliche Eierproduktion nützlich sind und für diesen Zweck am besten funktionieren.

Somit werden mit dieser Methode keine Hühnerrassen erhalten, sondern es geht hierbei um eine möglichst hohe Produktivität für die überernährte westliche Welt. Dabei spricht man nicht nur von der Produktion der Eier, sondern auch von der Fleischproduktion, bei der ebenso kein Wert auf Rassenerhalt gelegt wird. Ganz im Gegenteil, auch hier geht es um eine möglichst hohe Fleischausbeute. Somit hat der Drang nach schnellem, großem und billigem Wachstum gesiegt, der die eingesetzten Hühner auf wenige Hybridlinien schrumpfen lässt.

HÜHNERKATEGORIEN

Zunächst sollten Sie mit dem Bau eines Hühnerstalls und eines Auslaufs beginnen, jedoch eignet es sich schon zuvor, sich über Hühnerkategorien

Gedanken zu machen, da sich verschiedene Sorten nicht in jedem Gehege wohlfühlen.

Hier treten bereits viele Fragen auf, die Sie zum Verzweifeln bringen könnten, gehen Sie daher in Ruhe an die Sache heran und beachten Sie vor allem die wichtigen Fragen: Wo kaufen Sie Hühner im Idealfall? Welche Rassen eignen sich für Ihren Garten? Von welchen Rassen sollten Sie eher Abstand halten? Auf welche Kriterien sollten Sie beim Hühnerkauf achten? Diese Fragen sind elementar, wenn Sie sich neue Hühner für Ihren Garten zulegen wollen. Zunächst sollten Sie sich überlegen, ob Sie ein Rassehuhn oder ein Hybridhuhn halten wollen.

Natürlich gibt es jeweils enorm viele Unterrassen und -gruppierungen, jedoch ist diese Angelegenheit nicht so kompliziert, wie Sie es sich eventuell gerade denken. Hier sollten Sie zunächst den Zweck Ihrer Hühnerhaltung ausmachen. Wollen Sie mit Ihrer Haltung nämlich Eier erhalten und Hühner auch als Fleischlieferanten sehen, so eignen sich in diesem Fall sowohl Rassehühner als auch sogenannte Hybridhühner, also Kreuzungen. Reinrassige Hühner sind oftmals schöner anzusehen und meist sind diese auch beliebter als die Hybridhühner, jedoch sind sie auch deutlich teurer. Bei vielen Züchtern sind lediglich reinrassige Hühner zu kaufen, dennoch werden Kreuzungen aufgrund der Wirtschaftlichkeit immer beliebter.

Wie bereits erwähnt, beschreibt der europäische Rassegeflügelstandard etwa 180 unterschiedliche Hühnerrassen. Welche Rasse Sie nun genau nehmen, sollte davon abhängen, wie erfahren Sie im Bereich Hühnerhaltung sind. Haben Sie schon etwas Erfahrung gesammelt, so können Sie schon eher auf schwierigere Hühnerrassen zurückgreifen, da kommen auch die bei Neulingen gefürchteten Kampfhuhn-Rassen infrage. Beginnen Sie hingegen gerade erst mit der Hühnerhaltung, sollten Sie sich zunächst mit den Hühnerrassen auseinandersetzen, die in ihrer Haltung eher ruhig und unkompliziert sind. Dann sollten es auch Hühner sein, die einfach gute Leistung erbringen, egal, ob in Bezug auf die Legeleistung oder das Fleisch. Im Weiteren werden Ihnen noch sehr geeignete Rassen beschrieben, die Ihnen den Start in die Hühnerhaltung erleichtern.

Als Neuling in diesem Bereich sind die Hühner passend, die auch in den Wintermonaten Eier legen oder einfach gut zu mästen sind, um gutes Fleisch zu erhalten. Am besten – und auch möglich – sind natürlich beide Eigenschaften. Dabei ist auch auf eine eingeschränkte Flugfähigkeit und ein ruhiges und angenehmes Temperament zu achten, um Ihnen keine Sorgen um die Hühner zu bescheren. Bei Ihrem Kauf sollten Sie ebenfalls auf eine ausreichende Klimaverträglichkeit achten, da manche asiatischen Rassen mit einem beispielsweise mitteleuropäischen Klima nicht besonders gut zurechtkommen.

Vor allem eignen sich als Einstieg somit Legehühner, die sich durch eine hohe Legeleistung kennzeichnen und Fleischhühner, die sich durch besonders viel und zartes Fleisch auszeichnen können.

Sogenannte Zwiehühner greifen beide Vorteile auf und kombinieren Legeleistung und gutes Fleisch und kompensieren dies in kleinen Einschränkungen in der Menge. Darüber hinaus unterscheidet man auch noch sogenannte naturbrutfähige Hühnerrassen, die sehr wenig, aber dadurch natürlich Eier legen, das Nutzhuhn, welches sich durch besondere Schönheit auszeichnet und das Zierhuhn, welches dem Nutzhuhn ähnelt, jedoch etwas kleiner ist.

Weitere Einteilungen existieren im Bereich der Zwerghühner, zu dem Sie im weiteren Verlauf des Buches noch mehr erfahren werden und im Bereich der Kampfhühner. Zuletzt genannte zeichnen sich vor allem durch ihre enorme Flugfähigkeit aus und natürlich durch die Kampflust der Hähne, welche sehr auf eine klare Rangordnung stehen.

HÜHNERRASSEN

Wie bereits beschrieben, existieren enorm viel Hühnerrassen, nicht jede davon kann in diesem Buch aufgeführt werden. Hühner sind und bleiben dabei sehr interessante Vögel, denn Sie können sie als Zucht halten, als Nutztier betrachten, aber auch einfach, weil Sie sich an tierischem Leben erfreuen.

Im Folgenden werden Ihnen die beliebtesten Hühnerrassen in Europa gezeigt, um Ihnen Ihre Auswahl etwas zu erleichtern. Die Vorteile hierbei sind klar: Sie erhalten regelmäßig frische Eier, Sie wissen, wie Ihre Hühner leben, wo Ihre Eier herkommen und was Ihre Hühner fressen. Auch Ihre neuen Tiere für den Garten leben dadurch glücklicher und gesünder. Für die Auswahl Ihrer Hühner sollten Sie sich vor der Beschaffung einige Fragen stellen:

-Welchen Nutzen sollen Ihre Hühner erfüllen? Möchten Sie Eier haben, Fleisch oder wollen Sie zur Zierde Hühner züchten?

-Welche Haltungsbedingungen können die Hühner in Ihrem Garten vorfinden und welche Witterungsbedingungen herrschen in Ihrer Region?

-Wie viel Platz können Sie Ihren Hühnern geben und wie groß dürfen Ihre Hühner daraus resultierend sein?

-Haben Sie diese Fragen beantwortet, können Sie mit der Hühnersuche beginnen.

Legehühner

Legen Sie Wert auf frische Eier, die Sie immer wieder aus Ihrem Hühnerstall holen können, so sind Legehühner eine gute Wahl. Das Vorteilhafte an Legehühnern ist, dass Sie nicht den Futterbedarf aufbringen wie beispielsweise Fleischhühner. Sie bleiben dadurch auch agiler und leichter.

Das Leghorn

Das Leghorn zeichnet sich optisch vor allem durch ein silberweißes, reines Gefieder aus und ist sehr leicht zu halten. Darüber hinaus stellt es auch an das nötige Futter nur geringe Anforderungen. Hält man das Leghorn sogar frei laufend, so sucht es sich je nach Gegebenheit sogar sein Futter selbst und verwertet dieses auch effizient. Nicht nur bei der Ernährung zeichnen sich Leghorn-Hühner durch hohe Effizienz aus, sondern auch in Bezug auf die Legeleistung. Dies äußert sich dahin gehend, dass eine Henne dieser Hühnerrasse im ersten Jahr bis zu 260 weißschalige Eier legt und im zweiten Jahr auch noch etwa 200 Eier. Ebenfalls im dritten Jahr können noch etwa 160 Eier erwartet werden.

Die Kraienköppe

Kraienköppe kommen eher aus der Reihe der Kampfhuhn-Rasse und tragen dieses Blut immer noch in sich. Hähne dieser Rasse können somit auch untereinander aggressiv werden. Worauf sollten Sie also bei der Haltung der Kraienköppe besonders achten? Da sie gegenüber Gefahren aus der Luft besonders mutig werden, sollten Sie diese Rasse in einem Gehege halten, welches auch nach oben abgeschlossen ist. Bei der Futtersuche sind sie ähnlich pflegeleicht wie beispielsweise das Leghorn. Bezüglich der Wirtschaftlichkeit stehen Kraienköppe dem Leghorn auch in wenig nach und so beträgt die Legeleistung in einem Jahr etwa zehn bis zwanzig Eier weniger.

Die Friesenhühner

Das Friesenhuhn mag es am liebsten, wenn seine Umgebung so naturbelassen wie möglich gestaltet ist, dazu gehören Flächen, auf denen es sich weiträumig frei bewegen kann und auf denen sich geeignete Plätze zum Aufbaumen befinden. Aufbaumen bedeutet in diesem Zusammenhang nur, dass ein Huhn auf einen Baum springen, fliegen oder klettern kann und das Fliegen ist dem Friesenhuhn sehr wichtig, da es dies sehr gut beherrscht. Ein weiterer Vorteil dieser Rasse ist das gute Immunsystem, wodurch das Friesenhuhn enorm robust ist und man dieses ohne Probleme im Freien halten kann. Da Friesenhühner eher kleiner gebaut sind, flacht hier auch die Wirtschaftlichkeit im Vergleich zu den beiden davor genannten Rassen etwas ab. Friesenhühner legen zwar dennoch ähnlich große Eier, jedoch nur etwa 160 in einem Jahr, was immer noch eine ordentliche Leistung darstellt.

Fleischhühner

Fleischhühner sind in der Regel größer und schwerer als Legehühner. Zusätzlich verbrauchen sie eine höhere Menge an Futter, da sie natürlich Fleisch ansetzen.

Das Brahma-Huhn

Das Brahma-Huhn ist das erste beschriebene Huhn in diesem Ratgeber, welches zu den sogenannten Fleischhühnern gehört. Durch ihre Masse erscheinen Brahma-Hühner eher träge, jedoch sind diese sehr lebhaft und auch zutraulich. Sie lieben dabei auch einen freien Auslauf und gehen dabei auch gern auf Futtersuche. Jedoch sollten Sie bei Fleischhühnern immer darauf achten, dass diese einen höheren Bedarf an Futter haben als Legehühner. Daher sollten Sie darauf achten, dass einem Brahma-Huhn immer genügend Futter zur Verfügung steht. Ein weiterer positiver Faktor ist, dass Brahma-Hühner durch ihre Robustheit sehr wetterhart sind und die Ansprüche der Haltungsbedingungen sehr gering bleiben. Dank der enormen Größe ist das Brahma-Huhn ein guter Fleischansatz und eignet sich definitiv als Tafelhuhn für eine große Familie. Betrachtet man die Legeleistung der Hennen, so kommen diese auf etwa 140 Eier im ersten und noch etwa 100 Eier im zweiten Jahr, welche im Verhältnis zu der Größe der Hennen eher klein ausfallen.

Das Cochin-Huhn

Auch Cochin-Hühner stellen an ihre Haltung wenig Ansprüche, da ihr enormes Federkleid jeder Witterung standhält. Das Gefieder geht jedoch nicht bis an die Läufe der Cochin-Hühner, wodurch Sie im Bereich des Auslaufs darauf achten sollten, dass hier kein großflächiger Schlamm entsteht oder auch kein nasses und hohes Gras.

Da Cochin-Hühner ein eher geringes Temperament haben und somit ein eher sanftes Gemüt, benötigen diese auch keinen großen Freiflächen zum Auslauf. Durch ihr Gemüt ist diese Hühnerrasse auch sehr gelehrig und passt sich schnell an Gegebenheiten und Voraussetzungen an. Auch Cochin-Hühner sind den Fleischhühnern zuzuordnen und geben somit einen Sonntagsbraten für eine Familie. Die Legeleistung beträgt etwa 120 Eier im Jahr, die allerdings die klassische braungelbe Farbe haben.

Das Dorking-Huhn

Das Dorking-Huhn ist eine der ältesten Haushuhn-Rassen überhaupt. Vielleicht aus dem Grund, dass sie gemütlich sind und ebenfalls gern selbst auf Futtersuche gehen. Das Dorking-Huhn ist eher ein Huhn der schweren Gewichtsklasse und kann aus diesem Grund auch kaum fliegen, wodurch die Begrenzung des Auslaufs nicht sehr hoch angelegt werden muss. Ist das Gehege für das Huhn groß genug, interessiert sich dieses auch eher wenig für die Begrenzung. Durch die erwähnte Masse des Dorking-Huhns eignet es sich optimal zur Verwertung des Fleisches. Vor allem die Brust und auch das Hinterteil sind hier sehr beliebt. Die Henne kommt bei dieser Rasse im ersten Legejahr auf etwa 140 Eier.

Zwiehühner

Die Zwiehühner sind praktischerweise Multitalente in der Welt der Hühnerrassen. Wie Sie sich bereits denken konnten, sind Zwiehühner für beide Vorlieben gut geeignet, denn sie sind sehr legefreudig und setzten zusätzlich gut Fleisch an, da das Futter in den Körpern - ähnlich beim Fleischhuhn - effektiv verwertet wird. Auch optisch sind diese Hühner sehr hübsch anzusehen und somit auch einen Blickfang für jeden, der Ihren Hühnergarten passiert.

Das Amrock-Huhn

Das Amrock-Huhn stellt eine ruhige und sozusagen freundliche Hühnerrasse dar, welche sehr pflegeleicht ist. Bei der Ernährung gibt es allerdings einiges zu beachten. Geben Sie Ihren Amrock-Hühnern zu viel Futter, so besteht die Wahrscheinlichkeit, dass diese schnell verfetten, wodurch die Legeleistung beeinträchtigt wird. Die beste Option bei der Haltung ist daher ein großer Raum für freien Auslauf, um den Hühnern die Möglichkeit zu geben, ihr Futter selbst zu suchen. Eine niedrige Einfriedung ist bei Amrock-Hühnern auch ausreichend, da diese oft nur in Notfällen fliegen. Das Amrock-Huhn gehört zu den sogenannten Zwiehühnern und ist somit ein exzellentes Wirtschaftshuhn. Im ersten Legejahr beschert Ihnen die Henne etwa 220 große Eier und durch das hohe Gewicht und die hervorragenden Fleischeigenschaften eignet es sich ebenfalls perfekt für einen Braten, der eine große Familie sättigt.

Das Deutsche Lachshuhn

Auch das Deutsche Lachshuhn ist durch seine Anspruchslosigkeit und Gutmütigkeit sehr einfach zu halten. Füttern Sie Ihre Hühner auch ab und an aus der Hand, so werden Deutsche Lachshühner sehr schnell zutraulich und verzeihen Ihnen auch den einen oder anderen Haltungsfehler. Ein absoluter Vorteil der Lachhühner ist ihre Fähigkeit, auch im Winter Eier zu legen und somit die Familie über das gesamte Jahr mit frischen Eiern zu versorgen. Da diese Hühnerrasse sehr leicht zu rupfen ist, stellt es ebenso wie Fleischhühner einen guten Sonntagsbraten dar, denn das Fleisch ist sehr schmackhaft und somit für Sterneköche und

Genießer eine besondere Delikatesse. Auch hier genügt eine niedrige Einzäunung, da Deutsche Lachshühner als Nichtflieger gelten. Während das Fleisch eine Besonderheit ist, kann man auch die Henne und ihre Legeleistung nicht von der Hand weisen, denn mit 160 Eiern im Jahr stellt dies eine solide Legeleistung dar. Bereits im Alter von neun Monaten beginnen Deutsche Lachhühner mit dem Legen von Eiern.

Das Ramelsloher Huhn

Ramelsloher Hühner zählen zu den sehr robusten Vertretern ihrer Rasse und sind dadurch auch enorm wetterhart. Mit genügend Auslauf sind diese Hühner auch in der Haltung anspruchslos, da sie sich vor allem ihr Futter auch selbst suchen. Das Ramelsloher Huhn ist ein besonders guter Leger, besonders im Winter. Viele Hühner stellen das Eierlegen im Winter zwar ein, nicht jedoch das Ramelsloher Huhn, welches Ihnen auch im Winter das beliebte Frühstücksei beschert. Somit kommt dieses auf etwa 150 Eier im Jahr. Neben dieser Fähigkeit gilt das Ramelsloher Huhn auch als Gaumenschmaus und zeichnet sich in diesem Bereich auch durch eine gute Optik aus. Besonders zart wird das Fleisch durch die feinen Fasern des Huhns und somit eignet sich auch dieses bestens für einen sehr guten Sonntagsbraten.

ZWERGHÜHNERRASSEN

Gibt es große Hühnerrassen, so können die kleinen und niedlichen Hühner nicht fern sein. Immer mehr Züchter spezialisieren sich auf die sogenannten Zwerghühner. Doch auch diese Rassen stecken voller Überraschungen und stehen ihren großen Verwandten oft in nichts nach, zumindest, wenn man es unter dem Gesichtspunkt des Halters und in Bezug auf Legeleistung und Investment betrachtet. Im Folgenden werden ihnen die beliebtesten Rassen der Zwerghühner vorgestellt, die vor allem für Anfänger in der Hühnerhaltung geeignet sind.

Das Deutsche Zwerghuhn

Vor allem in seiner Optik überzeugt das Deutsche Zierhuhn über die Maßen. Es besitzt ein herrliches Gefieder und präsentiert dieses durch seine stolze Statur auch sehr gern. Für Fremde, die Ihren Garten passieren, mag es ein Blickfang sein, der positive Nebeneffekt bei der Sache ist, dass das Deutsche Zwerghuhn auch ein fleißiger Eierleger ist. So kommen bei dieser Rasse von Zwerghuhn etwa 120 kleine Eier im Jahr zusammen. Da es sehr lebhaft und mutig ist, jedoch sehr klein, kann beim Hühnerstall auf eine Voliere verzichtet werden.

Eine Voliere ist praktisch ein oberer Abschluss eines Zauns, ähnlich einem Dach. Gerade, wenn Sie mit der Hühnerhaltung beginnen, ist es natürlich sehr entgegenkommend, dass sich die Hähne des Deutschen Zwerghuhns besonders durch ihre geringe Aggressivität auszeichnen.

Das Zwerg-Sussex

Die charakteristischen Eigenschaften, die das Zwerg-Sussex ausmachen, sind Anfängerfreundlichkeit, Zutraulichkeit, Kälteunempfindlichkeit und Winterleger. All diese Eigenschaften passen perfekt zu jemanden, der gerade mit dem Hühnerhalten beginnen möchte. Dass es sich auch hierbei um kleine Hühner handelt, genügt je nach Menge bereits ein Stall mit kleinem Auslauf, bei dem der Zaun auch nicht sehr hoch sein muss, da das Zwerg-Sussex nicht besonders gern fliegt, dafür ist es – gemessen an der Größe der Flügel – einfach zu schwer.

Lassen Sie den Zwerghühnern ein wenig mehr Freiraum, so suchen sie sich ihr Futter in den warmen Jahreszeiten auch gern selbst. Auch in Bezug auf die Legeleistung muss sich das Zwerg-Sussex nicht verstecken, denn in den ersten beiden Legejahren kommen jeweils etwa 180 Eier zustande und dabei legt das Huhn auch im Winter Eier. Die Eier haben die klassische gelbbraune Farbe.

Die Antwerpener Bartzwerge

Die Antwerpener Bartzwerge gelten als älteste Zwerghühner mit Bart – dies nur so nebenbei. Auch wenn ein Bart oft einen mürrischen Eindruck macht, sind die Bartzwerge sehr lebhafte und freundliche Hühner. Auch ein kleines Gehege verzeihen sie Ihrem Halter, da sie mit genügend Wasser auch dort gut zurechtkommen. Mit Wasser und Näpfen sollte bei diesem Zwerghuhn allerdings nicht gespart werden. Achten Sie darauf, dass genügend Tränken vor Ort sind, die einen niedrigen Wasserstand haben.

Warum einen niedrigen Wasserstand? Die Antwerpener Bartzwerge sind eben sehr eitel mit ihrem Bart und wollen diesen nicht ständig nass haben, um dauerhaft elegant und schick auszusehen. Grundsätzlich sind die Hähne bei den Bartzwergen nicht aggressiv, lediglich in der Paarungszeit kann ein leicht erhöhtes Potenzial für Angriffe auf eine fütternde Hand vermerkt werden. Klein, aber fein sind die Eier der Hennen. Mit 35 Gramm im Schnitt ist die Henne der Antwerpener Bartzwerge keine Vorreiterin, jedoch kommen auch hier bis zu 180 Eier im Jahr zusammen. Zu guter Letzt bleibt zu sagen, dass die Hähne ein sehr kräftiges Stimmorgan haben, welches sie auch gern und früh einsetzen.

Die Zwerg-Wyandotten

Auch Zwerg-Wyandotten sind anfängerfreundlich und perfekt für einen kleinen Garten geeignet, da sie sehr friedlich untereinander und gegenüber anderer Hühnerrassen sind. Das Gefieder dieser Zwerghühner ist besonders sehenswert, mit malerischen Mustern versehen und somit ein echter Blickfang für jeden Garten.

Doch nicht nur das äußere Gefieder hat einen Nutzen, sondern auch das darunter. Mit speziellen Flaumfedern halten sich Zwerg-Wyandotten im Winter warm und können sogar selbst hohen Minusgraden trotzen. Ihre Nahrung suchen sie sich in den warmen Monaten so gut es geht selbst, jedoch empfiehlt es sich, auch Futter zur Verfügung zu stellen, da die Wyandotten für ihre Größe viel Fleisch ansetzen und somit auch als guter Braten verwertet werden können. Die Henne legt in einem Jahr etwa 160 kleine Eier, die braun bis cremefarben sind. Noch ein kleiner Tipp: Bringen Sie Ihren Zwerg-Wyandotten ab und an Gemüsereste oder Apfelreste in den Fressnapf, so gewöhnen sich die Tiere schnell an Sie und beginnen, ihre volle Zutraulichkeit zu entfalten.

Das Zwerg-Amrock

Das Zwerg-Amrock hat keine besonderen Eigenschaften, dennoch hat es erhebliche Vorteile: Es ist einfach in Bezug auf die Haltung, auf seine Farbe und auch auf das Futter. Neben der ruhigen Art sind sie äußerst neugierig und erkunden bei freiem Auslauf viele Ecken und das auch bei schlechtem Wetter. Durch die Robustheit sind Zwerg-Amrocks bei jedem Wetter draußen und suchen sich dabei selbst ihr Futter. Füttern Sie ein Zwerg-Amrock zu sehr, so droht dieses zu verfetten, also füttern Sie lieber einmal zu wenig als zu viel. Auch bei dieser Art Zwerghuhn können Sie sich ganz einfach mit einem Apfel sehr beliebt machen. Bei Ihrem Zaun genügt eine Höhe von gut einem Meter, da ein Zwerg-Amrock selten ins Fliegen kommt. Zwar machen die Hennen im Winter eine Legepause, dennoch kann man sagen, dass sie für ein Zwerghuhn beachtliche Legeleistungen besitzen. Im Jahr schafft es die Henne auf etwa 170 Eier, das Besondere ist jedoch, dass sie auch noch nach acht Jahren noch schafft, Eier zu legen.

BESONDERE HÜHNERRASSEN

Von den bereits erwähnten 180 Rassen, die in Europa gelistet sind, gibt es nicht von jeder Rasse zig Exemplare. Die bereits vorgestellten Hühner existieren in Hülle und Fülle, jedoch gibt es auf unserem Kontinent auch Hühner, die vom Aussterben bedroht sind, und man weiß sogar von Hühnerrassen, die gänzlich ausgestorben sind. In Deutschland geht man gegen dieses Phänomen seit 1980 vor, und zwar mit der Gründung der Gesellschaft zur Erhaltung alter und gefährdeter Haustierrassen (GEH), welche gefährdete Tiere auf der sogenannten Roten Liste führt.

Drei der bekanntesten Vertreter, die auf der Roten Liste geführt werden, werden Ihnen hier vorgestellt.

Andalusier

Wie es der Name schon vermuten lässt, kommt diese Hühnerrasse aus Spanien und ist schon allein deshalb eine sehr stolze Rasse. Von dieser existieren nur noch etwa 400 Exemplare. Der Stolz kommt von dem imposanten Aussehen der Hühner und daher sind sie auch optisch ein absoluter Blickfang. Für Anfänger sind Andalusier aufgrund ihres Temperaments eher nicht zu empfehlen, da sie zusätzlich auch verstehen, ihre Flügel einzusetzen, sowohl zum Fliegen als auch zur Verteidigung. Dementsprechend sollten Sie bei der Haltung von Andalusiern immer auf einen hohen Zaun achten.

Dennoch ist ein weiter Auslauf zu empfehlen, da sich die Hühner gern und viel bewegen und auch immer lieber selbst auf Futtersuche gehen. Seit der Einführung effizienter Hybridhühner spielen Andalusier im Bereich Wirtschaftlichkeit und Legeleistung keine große Rolle mehr, vermutlich ein Grund dafür, dass sie vom Aussterben bedroht sind. Geht es hingegen um Menschen wie Sie, die sich als Hobby-Hühnerhalter versuchen möchten, sind Andalusier mit ihren 170 Eiern pro Jahr völlig ausreichend.

Augsburger

Das Augsburger Huhn hat seinen Namen vom Züchter Julius Meyer, der diese Rasse in Augsburg züchtete. In den letzten Jahrzehnten wurde die Rasse der Augsburger immer weiter reduziert, sodass der Bestand heute noch etwa 300 bis 350 Hühner zählt. Dabei sind Augsburger wirtschaftlich gesehen tatsächlich attraktive Zwiehühner, bei gezüchteten Hybridhühnern können sie natürlich trotzdem nicht mithalten. Für den Hobbyzüchter hat es immer noch Vorteile, denn das Augsburger ist ein echtes Landhuhn und kommt so auch mit den klimatischen Bedingungen sehr gut klar. Da das Huhn sehr eigenwillig erscheint, ist es Anfängern vielleicht nicht unbedingt zu empfehlen, aber einen Versuch wäre es wert. Zumindest sein Futter sucht es sich auf dem benötigten Freiraum selbst. Das ist auch ein Grund dafür, dass sich die Haltung in einem Kleingarten nicht unbedingt anbietet.

Im Bereich der Wirtschaftlichkeit kann sich das Augsburger absolut sehen lassen, da es bereits nach sechs Monaten mit dem Legen beginnt und im Jahr auf etwa 180 weißschalige Eier kommt. Des Weiteren ist auch das Fleisch dieser Hühnerrasse sehr deliziös und kann ein echtes Geschmackserlebnis sein, da es dunkler und saftiger ist als bei sonst üblichem Hühnerfleisch und darüber hinaus erinnert der Geschmack an Wild. Lediglich bei der Menge fällt das Augsburger gegenüber modernen Masthähnchen ab.

Dominikaner

Dominikaner kommen ursprünglich aus den USA und stellen dort die älteste gezüchtete Rasse dar. Auch für den Anfänger ist diese Rasse geeignet, da diese doch sehr ruhig und unkompliziert ist und nur ab und an mal ein aggressives Erscheinungsbild aufweist.

Wollen Sie Dominikaner halten, so sollten Sie auf eine große Freilauffläche achten und dabei auch auf eine hohe Umzäunung, da diese Rasse zu den sehr guten Fliegern gehört. Im Bereich der Wirtschaftlichkeit würde man das Dominikaner-Huhn zu den Zwiehühnern zählen, da sie einerseits aufgrund des eigenen Gewichts und des gut gebauten Körpers als exzellenter Fleischlieferant zählen, andererseits müssen sie sich bei der Legeleistung ebenfalls nicht verstecken. Dominikaner legen etwa

200 Eier im Jahr. Wollen Sie bei Ihrem neuen Hobby also auch Rassen, die auf der Roten Liste stehen, unterstützen, so bietet sich am besten das Dominikaner-Huhn an, da es einfach pflegeleicht, wetterfest und unkompliziert ist und egal, ob Sie auf Wirtschaftlichkeit oder aus anderen Gründen Hühner halten möchten, kann diese Rasse bei allen anderen Rassen äußerst gut mithalten.

Küken und Brut

Fangen die Hennen Ihrer Zucht an zu brüten, so beginnt ein sehr spannendes Kapitel für jeden Hühnerhalter, denn die Zeit, in der die Henne brütet, dann das Küken schlüpft und schließlich erwachsen wird, ist eine faszinierende und verbindet Sie und Ihre Hühner auf ganz besondere Art und Weise. Egal, auf welche Weise Sie die Eier ausbrüten, es ist immer ein besonderer Moment, wenn Küken schlüpfen und anfangen, nach Essen oder Gegenständen zu picken.

Im Allgemeinen unterscheidet man zwei Varianten der Brut: Entweder Sie entscheiden sich für die Naturbrut, bei der die Henne die Eier ausbrütet, oder Sie überlassen das Ausbrüten einer Brutmaschine, beide Varianten haben ihre Vorteile. Wichtig bei der Sache sind die Auswahl der Bruteier und natürlich die Küken-Aufzucht, welche natürlich oder künstlich vonstattengehen kann.

NATURBRUT

Wie Sie sich bereits denken konnten und wie eben bereits erwähnt, stellt die Naturbrut das Ausbrüten der Bruteier durch eine Henne dar und auch das anschließende Aufziehen der Küken wird hier durch die Henne bewerkstelligt. Die Henne nennt sich in einem solchen Fall dann Glucke.

Bei der Naturbrut gilt vor allem, auf eines zu achten: Niemals kann die Menge an Eiern von einer Glucke bebrütet werden, die in einer Brutmaschine möglich wäre und auch die Zeit der Brut kann vom Menschen nicht sonderlich beeinflusst werden. Das stellt in diesem Bereich den Einklang mit der Natur dar. Dennoch kann man sagen, dass das Miterleben dieses Prozesses einfach einzigartig ist. Sie können hier miterleben, wie die Glucke ihre Eier sorgsam ausbrütet, die Küken aufzieht und ihnen dabei die Futterstelle zeigt oder vor Gefahren schützt.

Nichtsdestotrotz können Sie es der Glucke so einfach wie möglich machen zu brüten und somit die Naturbrut in vorbereitender Weise steuern. Die entsprechende Henne sollte von Ihnen ausreichend und vor allem ausgewogen ernährt werden, da dies unerlässlich ist für überlebensfähige und muntere Küken.

Doch was genau ist eine ausgewogene Ernährung für eine Henne? Gerade eine mineralstoff- und vitaminhaltige Ernährung ergibt hier Sinn. Bevor die Henne zu brüten beginnt, sollten Sie ebenfalls eine sogenannte Wurmkur durchführen und auch die Kontrolle des Stalls sollte oberste Priorität haben, um die Glucke vor Milben oder Ähnlichem zu schützen. Hier hilft das sogenannte Kieselgur. Genauere Informationen über Ernährung, Stallsorge und auch Gesundheit oder mögliche Krankheiten erfahren Sie in den weiteren entsprechenden Kapiteln.

Um eine Henne für die Brut vorzubereiten, sollten Sie zunächst eine Ihrer Hennen aussuchen. Dafür sollten Sie diese erst eine Zeit lang beobachten, um herauszufinden, welche Ihrer Hennen am entspanntesten ist. Vor allem nervöse und unruhige Hennen eignen sich nicht für eine Brut, da sich dieses Verhalten natürlich auf die Küken überträgt und diese beispielsweise ständig vor unnötigen Gefahren warnen würden. Ähnlich wie beim Menschen wirkt sich eine unruhige und hektische Erziehung auf eine ganze Familie aus. Versuchen Sie daher, Ihre entspannteste Henne ausfindig zu machen, die Dinge gelassen sieht, aber dennoch über einen starken Charakter verfügt, denn dieser starke Charakter ermöglicht der Glucke eine Souveränität gegenüber Angreifern und schützt die Küken somit enorm.

Da sich die Glucke zum Brüten oftmals von der Gruppe entfernt und zurückzieht, empfiehlt sich ein sogenannter Gluckenstall, also ein separater Stall, den die Glucke – getrennt von den anderen Hühnern – zum Ausbrüten nutzen kann und in dem sie somit vor Feinden geschützt ist. Des Weiteren müssen es nicht immer Feinde sein, die einer Glucke beim

Brüten gefährlich werden können, auch andere Hühner aus der Gruppe, die etwas hektischerer Natur sind, können der Glucke schon mal gern auf die Nerven gehen. All diese Nachteile verhindern Sie mit einem separaten Gluckenstall. Keine Angst, nach einer erfolgreichen Brut kehren die Glucken samt ihrer neuen Familie wieder zur Herde zurück und werden dort auch wieder aufgenommen.

Berechtigterweise fragen Sie sich nun, woher die Glucke nun wissen soll, an welchem Ort sie ihre Eier ausbrüten soll. Zunächst ist es noch empfehlenswert, dass die Glucke an dem Platz, an dem sie möchte, damit anfängt, ihre Eier auszubrüten. Erst nach wenigen Tagen können Sie das gesamte Gelege in den vorgesehenen Gluckenstall verfrachten. Um hier keinen Schaden davonzutragen, sollten Sie ein Nest vorbereiten, welches etwa in einer Kiste aufgebaut ist, die verschlossen werden kann, um die Glucke nicht zu ängstlich zu stimmen.

Die nächste Herausforderung in der Naturbrut ist die Ernährung der Glucke während der Zeit, in der sie brütet. Hier müssen Sie auf keine besondere Nahrung achten, sondern lediglich darauf, dass die Glucke genug davon zu sich nimmt. Stellen Sie also stets Wasser und eine handelsübliche Körnermischung parat, das genügt der Glucke vollkommen. Als kleiner Tipp ist hierbei zu nennen, dass Sie die Kothaufen, die sich an einem Tag angehäuft haben, kontrollieren. Finden Sie im Gluckenstall keine Kothäufchen, so sollten Sie intervenieren und die Glucke langsam und mit Vorsicht vom Nest nehmen und ihr dann Nahrungsmittel reichen.

Ist die Glucke am Brüten, so können Sie den Vorgang meist nicht mehr beeinflussen. Unter den Eiern, die ausgebrütet werden, gibt es immer wieder unbefruchtete Eier, die die Henne jedoch selbst aussortiert und nicht mehr weiter brütet. Sie brauchen weiterhin keine Sorgen zu haben, wenn eine Henne ein solches unbefruchtetes Ei frisst, da es sich hierbei um einen natürlichen Vorgang handelt. Selbst das Auffressen von geschlüpften Küken ist kein seltenes und unnormales Verhalten einer Glucke. Dies geschieht immer dann, wenn die Henne merkt, dass jenes Küken entweder krank oder tot ist, wodurch Sie sich in diesem Bereich auf Ihre Henne verlassen können und sich keine größeren Sorgen machen müssen.

Nur in Ausnahmefällen fressen Hennen auch gesund geschlüpfte Küken. Dies erkennen Sie daran, dass die Glucke eine große Anzahl ihrer Küken oder alle frisst. Erst dann sollten Sie sich Gedanken machen, wie Sie weiter verfahren. Auf keinen Fall sollten Sie in die Aktionen eingreifen; was Sie jedoch beeinflussen können, ist die nächste Brut. Die Henne, die ihre gesunden Küken frisst, sollten Sie bei der nächsten Brut auf keinen Fall mehr einsetzen, da es möglich ist, dass sich diese Eigenschaft auf überlebende Küken vererbt. Ein paar praktische Dinge für die Naturbrut werden Ihnen auch noch an die Hand gegeben:

Hühner brüten vor allem im Frühjahr, um die Aufzucht der kleinen Küken in den warmen Sommermonaten zu vollziehen. Je nach Größe der Eier brütet eine Glucke etwa neun bis dreizehn Eier aus und dies über einen Zeitraum von etwa zwanzig Tagen. Sind die Küken dann geschlüpft, so empfiehlt es sich, die Glucke mit ihren Küken noch etwa drei Wochen im abgetrennten Gluckenstall zu belassen. Bei der weiteren Integration in die restliche Herde sollten Sie darauf achten, dass die Küken dann vollständig befiedert sind. Öffnen Sie den Gluckenstall zunächst erst etwa zwei Stunden am Tag, um nachvollziehen zu können, ob das Verhalten der Herde gegenüber den Küken adäquat ist.

HÜHNEREIER AUSBRÜTEN

Die Variante zur Naturbrut ist die, dass Sie die Eier der Henne selbst ausbrüten oder besser gesagt, es ein spezielles Gerät machen lassen. Auch, wenn Sie sich dem nicht gewachsen sehen, was eine Henne leistet, ist es auf den zweiten Blick und mit den richtigen Geräten und Informationen gar nicht so schwierig, Eier auszubrüten.

Auch, wenn Sie die Hühnereier ausbrüten, benötigen diese etwa zwanzig Tage Brutzeit, zeitliche Einbußen haben Sie dabei also schon einmal nicht. Doch eins nach dem anderen: Zunächst sollten Sie mit der richtigen Vorbereitung starten. Zuallererst schaffen Sie sich eine sogenannte Brutmaschine an und desinfizieren diese gründlich. Das wiederholen Sie auch bei jedem neuen Brutvorgang wieder, da die feuchtwarme Luft im Inneren der Brutmaschine Pilze und Bakterien anlockt, die wiederum Ihre Brut gefährden können. Die Eier kommen dann in die Brutmaschine, die Sie zuvor jedoch etwa 24 Stunden am Laufen halten sollten. Schalten Sie diese also einfach einen Tag bevor die Eier hineinkommen an. Dabei legen Sie bereits die sogenannte Wendehorde hinein und füllen den Wasserbehälter auf.

Nun kommt es zur Ausbrütung. In den ersten drei Tagen kommt es auf Ihre ganze Aufmerksamkeit an, hier entscheidet sich bereits, ob die Brut etwas wird oder nicht, da die Embryonen in den Eiern noch sehr empfindlich sind und schnell zerstört werden können. Wenden Sie in diesen drei Tagen also die Eier nicht, um eventuelle Störfaktoren wie Erschütterung oder Ähnliches auszuschließen.

Auch Kälte sollte in dieser Zeit nicht in die Brutmaschine gelangen, warum Sie diese auch nicht öffnen sollten. Beträgt die Bruttemperatur in Ihrer Brutmaschine 37,5 °C und die Luftfeuchtigkeit um die 50 %, so stellen diese Werte die perfekte Voraussetzung für einen idealen Brutbeginn dar. Nach drei Tagen sind die Embryonen etwa fünf bis acht Millimeter groß und in den nächsten zwei Wochen sollte an der Temperatur nichts mehr verändert werden. Achten Sie in dieser Zeit darauf, dass stets frisches Wasser im Vorratsbehälter vorhanden ist und prüfen Sie täglich, dass die Eier richtig in den Rollhorden liegen, da sie in dieser Zeit fünf- bis zehnmal am Tag gewendet werden. Ab dem neunzehnten Tag ist es möglich, dass die Küken aus den Eiern schlüpfen. Öffnen Sie zur Vorbereitung auf das Schlüpfen die Brutmaschine nochmals und nehmen Sie die Eier von den Rollhorden, sodass diese nicht mehr gewendet werden können. Fahren Sie die Bruttemperatur dann um etwa 0,3 °C herunter – also auf 37,2 °C – und versuchen Sie, die Lufttemperatur beizubehalten.

Der Grund hierfür ist, dass die Küken die Eierschalen so leichter durchbrechen können, da diese durch eine dementsprechende Luftfeuchtigkeit weicher wird. Bis die Küken alle geschlüpft sind, sollten Sie die Brutmaschine nun nicht mehr öffnen, auch wenn die Scheibe der Kuppel etwas beschlägt. Dies ist eher ein gutes Zeichnen, da die Luftfeuchtigkeit somit hochgehalten ist.

Nun heißt es, erst einmal zu warten, bis sich die ersten Küken ihre Wege durch die Eierschalen bahnen. Anzeichen für das bevorstehende Schlüpfen sind beispielsweise das leichte Wackeln der Eier oder das Hören von leisem Piepsen. Ist das erste Küken geschlüpft, so lassen die anderen nicht sehr lange auf sich warten und bald gibt es ein kunterbuntes Treiben in der Brutmaschine. Auch, wenn es für die Küken sehr eng wird, sollten Sie noch einige Stunden warten, bis Sie die Brutmaschine öffnen, da diese erst noch ein wenig trocknen sollten.

Von der Brutmaschine werden die Küken dann zunächst in einen Karton verfrachtet. Darin belassen Sie die Küken die ersten Tage und stellen ihnen geeignetes Kükenfutter zur Verfügung. In einer Art Kleingehege, in dem die Küken weiter aufwachsen, können Sie zusätzlich noch eine Wärmeplatte installieren, um eine perfekte Entwicklung zu gewährleisten. So entwickeln sich die kleinen Küken schnell zu stattlichen Hühnern. Finden Sie sich bei der Auswahl einer oben beschriebenen Brutmaschine nicht so richtig zurecht so sollten Sie – gerade als Anfänger – auf ein paar einfache Dinge achten. Als Anfänger empfiehlt es sich, eine Brutmaschine zu kaufen, die alle wichtigen Aufgaben wie die

Wendung der Eier, die Feuchtigkeits- oder die Temperatursteuerung automatisch macht. Auf dem Markt gibt es sogar Maschinen, die die Abschaltung der Wendungen vor dem Schlüpfen der Küken ausführt. Entscheiden Sie sich für eine künstliche Ausbrütung, so können Sie Ihre Bruteier auch kaufen und müssen sich nicht auf Ihre Hennen verlassen. Doch wo können Sie sich solche Bruteier überhaupt kaufen? Dies können Sie bei den meisten Kleintierzüchtervereinen in Ihrer Umgebung tun. Ein Züchterverzeichnis oder ein sogenanntes Kleinanzeigenportal finden Sie bequem im Internet.

Selbst ein Versand der Eier ist heutzutage problemlos möglich, da die Pakete so gepolstert und verpackt sind, dass die Eier selbst bei grober Behandlung nicht zu Bruch gehen. Nicht jedes gelegte Ei kann am Ende auch als Brutei fungieren – zumindest als eines, das vom Züchter kommt. Bruteier dürfen hier keine Dellen oder Risse haben und müssen eine typische Eiform besitzen. Auch die äußere Schicht darf keine Verunreinigungen besitzen und das gesamte Ei muss ein sogenanntes Brutmindestgewicht, welches von der entsprechenden Hühnerrasse abhängt, besitzen. Bruteier sollten darüber hinaus nicht älter als zehn Tage sein.

Das Wichtigste bei der Brutmaschine also nochmals zusammengefasst:

- Für Anfänger ist eine Brutmaschine mit automatischer Steuerung und Wendung sehr empfehlenswert.
- Die Bruttemperatur sollte bei 37,5 °C liegen.
- Die Luftfeuchtigkeit in der Brutmaschine solle in etwa 50 % betragen, wobei diese auch um drei bis vier Grad abweichen kann.
- Die Hühnerküken schlüpfen nach etwa zwanzig Tagen.
- Die geschlüpften Küken dürfen nach etwa 24 Stunden in ihr neues Zuhause, welches Sie mit einer dafür vorgesehenen Wärmeplatte ausstatten können.

AUSWAHL DER BRUTEIER

Befruchtetes Brutei oder kein befruchtetes Brutei? Das ist die Frage. Natürlich legen Hennen auch ohne einen Hahn ihre Eier regelmäßig ab, wie Sie sich jedoch vorstellen können, sind diese dann nicht befruchtet. Sie brauchen also, um befruchtete Bruteier zu erhalten, einen Hahn in Ihrer Herde.

Da Hähne meist eine aggressivere Ader haben oder auch unkontrolliert Hennen befruchten, muss man jedoch nicht unbedingt einen Hahn halten, um Küken als Nachwuchs für die Herde zu bekommen, gerade als Anfänger in der Hühnerhaltung ist deshalb das käufliche Erwerben von befruchteten Bruteiern sinnvoll. Somit erhalten Sie dann definitiv – vor allem in Verbindung mit der Kunstbrut – kleinen Nachwuchs. Falls Sie doch einen Hahn halten möchten, ist das dennoch kein hundertprozentiger Garant dafür, dass alle Eier, die Ihre Hennen legen, befruchtet sind und als Bruteier infrage kommen, egal, ob Sie ein Fan der Naturbrut oder einer der Kunstbrut sind.

Häufig können Bruteier Fehler aufweisen, die das Entwickeln der Embryonen im Innern unmöglich machen. Hierbei unterscheidet man zwischen sichtbaren und unsichtbaren Fehlern.

Wie bereits erwähnt, stellt nicht jedes Ei, welches von einer Henne gelegt wurde, ein Brutei dar. Hier gibt es gewisse Kriterien, die sozusagen erfüllt werden müssen. Das gelegte Ei sollte nämlich eine für das Huhn entsprechende normale Größe aufweisen, da beispielsweise ein zu kleines Ei ein heranwachsendes Küken zu früh schlüpfen lässt. Dieses wäre schließlich nicht lebensfähig. Überlebt ein solches Küken doch, so kann es nur ein kleines Huhn sein, welches das Legen von kleinen Eiern wiederum vererbt. Achten Sie also darauf, dass das Brutei eine für das Huhn entsprechend normale Größe hat. Auch das Gewicht des Bruteis spielt eine wichtige Rolle, um abschätzen zu können, ob es sich als Brutei eignet. Natürlich variiert das Idealgewicht hierbei von Hühnerrasse zu Hühnerrasse.

Dem sogenannten Geflügelstandard, in dem beispielsweise auch die vom Aussterben bedrohten Rassen rot aufgelistet sind, können Sie die optimalen Gewichte für ein Brutei der jeweiligen Hühnerrasse entnehmen. Als Anhaltspunkt können Sie jedoch mit folgenden Zahlen arbeiten: Die Bruteier mittelschwerer und schwerer Rassen sollten etwa bei 53 bis 60 Gramm wiegen, die Bruteier leichter Rassen dagegen etwa von 48 bis 55 Gramm. Dann gibt es da noch die kleinen Zwerghühner, bei denen ein Brutei etwa 40 Gramm wiegen sollte.

Zuletzt gibt es dann noch Fehler am Ei, die man noch deutlicher erkennen kann. Diese sind beispielsweise Risse und kleine Dellen in der äußeren Schicht. Auch Kalkringe an der Schale oder grundsätzlich abnormal geformte Eier eignen sich nicht als Bruteier und sollten somit dafür nicht verwendet werden. All diese aufgezählten Merkmale gelten als sichtbare Fehler und können leicht kontrolliert werden. Leider existieren auch sogenannte unsichtbare Fehler, bei denen schon etwas genauer kontrolliert werden muss.

Wie das Wort unsichtbar es schon sagt, sind die unsichtbaren Fehler nicht so einfach mit bloßem Auge zu erkennen und benötigen zur Kontrolle eher technische Mittel. Zum Beispiel die sogenannte Schierlampe. Der Prozess des Schierens, mit dem Sie einen Blick ins Innere des Bruteis werfen können, funktioniert meist wie folgt: Sie benötigen dazu einen abgedunkelten Raum und natürlich ein Schierlampe, auf die Sie Ihre Bruteier legen. Durch das Licht werden die Eier praktisch durchleuchtet und Sie können anhand von strukturellen Merkmalen erkennen, ob ein Brutei unbefruchtet oder der Embryo abgestorben ist. Nehmen Sie zu einem solchen Versuch auf keinen Fall eine herkömmliche Lampe, da die Eier nicht erhitzt werden dürfen. Eine Schierlampe hat die Eigenschaft, keine Wärme an die Bruteier abzugeben, wodurch das Durchleuchten harmlos bleibt. Die strukturellen Fehler innerhalb des Eis, welche Sie durch das Schieren erkennen können, sind beispielsweise eine falsche Luftblase im Innern; eigentlich sollte diese immer an der stumpfen Seite zwischen den Häuten der Schale liegen.

Auch etwaige Fremdkörper im Brutei können mit dem Verfahren erkannt werden und somit können auch diese Bruteier von der Bebrütung ausgeschlossen werden. Zwar äußerlich, aber mit bloßem Auge unerkannt, können auch feinste Haarrisse in der Schale auftreten, die ebenfalls durch das Schieren sichtbar werden. Trifft schon eines dieser genannten Kriterien zu, so sollten Sie das jeweilige Brutei aussortieren.

Haben Sie den Plan, Ihre Bruteier beim Züchter zu kaufen, sollten Sie hierbei immer darauf achten, dass Ihnen die Hühner des Züchters auch bekannt sind. Zwar gibt es ein Verzeichnis für Hühnerzüchter, jedoch steigt die Anzahl der unseriösen Hühnerzüchter immer weiter, da mit Onlinehandel ein riesiges Geschäft gemacht werden kann.

Ist es Ihnen möglich, sollten Sie also persönlich bei dem Züchter Ihres Vertrauens vorstellig werden. Denn sind die Küken von einer Ihnen unbekannten Rasse, so werden Sie dies nicht bereits an den Eiern feststellen können, sondern erst im Laufe des Erwachsenwerdens und dann ist es bereits zu spät. Versuchen Sie sich dennoch im Internet, so sollten Sie bei dem Versand der Bruteier in jedem Fall darauf achten, dass diese vor dem Bebrüten zwei Tage ruhen.

Sind Bruteier frisch gelegt, sollten diese in den nächsten zehn Tagen zum Bebrüten gebracht werden. Ab diesem Zeitpunkt verringert sich die Wahrscheinlichkeit der Schlupfrate. In diesen zehn Tagen können Sie die Eier jedoch problemlos lagern, achten Sie nur darauf, dass dies an einem Ort geschieht, an dem die Temperatur zwischen acht und fünfzehn Grad Celsius beträgt. Auch Zugluft oder direkter Sonneneinstrahlung sollten die Bruteier nicht unbedingt ausgesetzt sein. Als letzten wichtigen Punkt sollten Sie auch in dieser Phase das Wenden der Bruteier nicht vernachlässigen und sich dessen mindestens einmal am Tag widmen. Am besten lagern Sie die Eier liegend und im dunklen Keller.

AUFZUCHT DER KÜKEN

Sehen Sie die Aufzucht der Küken im Sinne der Natur, so akzeptieren Sie, dass Küken auch ohne menschlichen Eingriff erwachsen werden können, solange Sie eine Henne haben, die sich um sie kümmert. Das Ganze, was Sie dazu beisteuern können, sind die optimalen Rahmenbedingungen. Existiert hingegen keine Henne, haben Sie sich also für eine Kunstbrut entschieden, so liegt die Verantwortung bei Ihnen und Sie sollten die Küken nach bestem Wissen und Gewissen aufziehen.

Zunächst einmal wird hier aber die Aufzucht durch die Glucke beschrieben. Lassen Sie dieser freien Lauf in der Aufzucht Ihrer Küken, wird es keine bessere Option für diese geben, denn die Glucke sorgt sich um ihren Nachwuchs und das auch äußerst liebevoll. Diese liebevolle Art lässt sich durch einen Menschen nur schwierig imitieren. Zu dieser liebevollen Art zählen unter anderem das Sorgen für einen Unterschlupf im warmen Gefieder, das Achten auf richtige Nahrungszufuhr oder das Beschützen vor anderen Hühnern aus der Herde oder auch Feinden.

Bei einer Naturbrut werden Ihnen als Züchter also wichtige und zeitintensive Aufgaben abgenommen, was einen absoluten Pluspunkt für die Naturbrut darstellt. Das Einzige, worum Sie sich kümmern müssen, ist ein trockener Stall, Wasser, Futter und einen adäquaten Auslauf. Nach etwa fünf Wochen mütterlicher Fürsorge werden die Küken dann bereits selbstständiger und lösen sich langsam von der Abhängigkeit, was vor allem durch eine optische Veränderung sichtbar wird. Das Gefieder ist nun schon deutlich ausgeprägter und kann die ehemaligen Küken vor Kälte schützen. Spätestens nach acht Wochen ist es mit dem

Familiengefüge vorbei. Die Glucke sieht sich dann nicht mehr in der Position, sich um eines ihrer ehemaligen Küken zu kümmern, und wendet sich wieder ihrem eigenen Weg zu. Das Pendant zur Naturbrut ist – wie schon beschrieben – die Kunstbrut, also die künstliche Aufzucht durch den Menschen. Vor allem die Bereitstellung für gewisse Wärmequellen ist besonders wichtig, wenn Sie Ihre Küken aufziehen wollen.

Die Anwendung einer Wärmeplatte wurde Ihnen hierzu bereits beschrieben. Diese stellen Sie so ein, dass sie zu Beginn etwa 36 °C warm ist. Ab dem fünften Tag können Sie die Temperatur dann alle zwei Tage um ein Grad Celsius verringern, da bereits in diesem Zeitraum die Federn anfangen zu wachsen. Weniger als 18 °C sollte die Wärmeplatte dabei nie haben. Nach etwa acht Wochen sind die Küken dann bereit, um mit den anderen Hühnern im Freien zu leben.

Um Ihre Küken kräftig und stark zu machen, müssen Sie sich um adäquate Ernährung kümmern. Nach dem Schlüpfen benötigen die Küken vorerst nichts, doch nach 48 Stunden sollten Sie ihnen sogenanntes Kükenmehl oder pelletiertes Kükenstarterfutter zur Verfügung stellen. Verwenden Sie letzteres, so sollten Sie dieses in den ersten Tagen noch etwas klein stampfen, um den Küken das Fressen etwas zu erleichtern.

Neben der festen Nahrungsaufnahme spielt auch die flüssige eine wichtige Rolle, denn auch diese sollte für die Küken zu jeder Zeit zur Verfügung stehen. Achten Sie darauf, dass das Trinkwasser keimfrei und sauber ist. Um dies dauerhaft zu gewährleisten, können Sie das Wasser immer mal wieder auswechseln und vor allem den Behälter regelmäßig reinigen.

Setzen Sie die Küken schließlich nach den empfohlenen acht Wochen zu den anderen Hühnern, so gelten also folgende drei Schritte zu beachten:

1. Zunächst setzen Sie die Küken in einen Bereich im Hühnerstall, der durch einen Zaun abgegrenzt ist, um die Gewöhnungsphase der Küken

und Hennen einzuläuten. Die Althennen können durch die Begrenzung jedoch keine Küken angreifen.

2. Nach etwa drei Tagen können Sie einen kleinen Spalt in die Begrenzung einbauen, um den Küken die Gelegenheit zu geben, erste Kontakte mit dem Rest der Herde zu knüpfen und den restlichen Hühnerstall zu erkunden. Das Futter und das Wasser sollten die Küken dennoch in ihrem abgetrennten Bereich bekommen.

3. Nach etwa sieben Tagen können Sie die Begrenzung dann gänzlich aus dem Hühnerstall nehmen, zumindest wenn Sie nach den letzten Beobachtungen der Küken keine Diskrepanzen mit den anderen Hühnern feststellen konnten. Sie können die Küken dafür auch auf kleinere Hackverletzungen untersuchen. Sind solche Verletzungen der Fall, so sollten Sie die Begrenzung noch ein paar Tage stehen lassen, andernfalls kann diese auch schon früher aus dem Stall genommen werden.

Haltung

Da Sie sich diesen Ratgeber gekauft haben und bereits bis hier hin gelesen haben, haben Sie sich zweifelsohne mit der Frage beschäftigt, wie Sie Hühner halten können. Suchen Sie hierfür Antworten im Internet, so treffen Sie meist auf eine Vielzahl verschiedener Auskünfte und Ideen. Im Folgenden werden Ihnen zum Thema Hühnerhaltung die wichtigsten Fragen, die Sie sich stellen müssen, gestellt und auch beantwortet.

DER HÜHNERKAUF

Welche Hühner sich gerade für Anfänger im Bereich Hühnerhaltung eignen, wurde bereits beschrieben. Gern können Sie sich weiter vom Züchter Ihres Vertrauens beraten lassen, was ein weiterer Grund dafür ist, Ihre Hühner direkt beim Züchter zu holen und keine vermeintlich leichteren Umwege über das Internet zu nehmen.

Es ist immer besser, Hühner direkt und vor Ort zu kaufen. Möglich ist dies entweder bei privaten Züchtern über Geflügelzuchtvereine oder bei privaten Hühnerhaltern, auf die Sie durch Inserate in Zeitungen oder im Internet aufmerksam werden können. Die dritte Option, Hühner zu kaufen, wäre ein Kleintier- und Geflügelmarkt. Achten Sie in allen drei Fällen darauf, dass die Hühner, die Sie kaufen möchten, gesund sind. Als Anfänger ist diese Kontrolle nicht einfach, versuchen Sie jedoch, auf klare Augen der Hühner zu achten, auf einen roten Kamm und auf ein sauberes und gleichmäßiges Federkleid. Das sind in jedem Fall Indizien für ein gesundes Huhn.

Weiterhin kann ein Huhn von Parasiten befallen sein. Dies erkennen Sie, wenn Sie unter die Flügel oder an die Kloake schauen, dort sammeln sich Parasiten am ehesten. Erst recht bei privaten Verkäufern sollten Sie auf diese Kriterien achten, wollen Sie Ihre Hühner bei einem Mitglied eines Geflügelzuchtvereins kaufen, so ist dies in der Regel bereits ein Qualitätsmerkmal. Der beste Zeitpunkt, um sich Hühner anzuschaffen, ist das Frühjahr. Bis in den Sommer hinein ist die Anschaffung ebenso vorteilhaft. Dafür gibt es vor allem drei triftige Gründe:

1. Kaufen Sie Ihre Hühner, so bedeutet das für diese, dass sie aus einem gewohnten Umfeld in ein fremdes kommen, was zu Stress bei den Hühnern führt. Ähnlich wie beim Menschen erzeugt entweder Frost oder enorme Hitze ebenfalls Stress. Daher ist es sinnvoll, den Umzug für die Hühner im Frühjahr zu planen, da sich die Temperaturen in dieser Zeit nicht als zusätzliche Strapaze bemerkbar machen.

2. Ähnliche klimatische Bedingungen findet man im Herbst vor, hier besteht nur das Problem, dass Ihre Hühner dann weniger zu fressen finden.

3. Die Hennen legen in dunklen Jahreszeiten meist weniger oder gar keine Eier. Kaufen Sie Ihre Hühner im Frühjahr, so stehen die hellen und warmen Tage direkt bevor und Sie können von Anfang an aus dem Vollen schöpfen.

Nun bleibt nur noch zu klären, wie viel ein Huhn überhaupt kostet. Auch hier gibt es keine genaue Messlatte, denn der Preis variiert vor allem je nach Rasse enorm. Auch das Alter des Huhns ist dafür entscheidend. Für eine Zwerghenne bezahlen Sie etwa fünfzehn Euro, für eine große Rassehenne können es schonmal dreißig Euro werden. Dabei handelt es sich in diesen Beispielen immer um legereife Junghennen. Hähne sind meist etwas günstiger als die Hennen.

Beginnen Sie gerade mit dem Hühnerhalten, sollten Sie sich zu Beginn nicht allzu viel zumuten und erst einmal mit drei oder vier Hennen anfangen. In den Jahren darauf können Sie Ihre Herde dann natürlich erweitern. Ob Sie sich einen Hahn anschaffen, um auch befruchtete

Bruteier zu erhalten, bleibt dabei Ihnen überlassen, Eier legen die Hennen auch ohne Hahn. Versuchen Sie, die Hühner in Ihrer Umgebung zu kaufen, umso näher, desto besser, denn so halten Sie den Transport der Hühner so gering wie möglich.

GRUNDLAGEN

Nun geht es um die allgemeinen Grundlagen in der Hühnerhaltung. Worauf müssen Sie achten? Was können Sie vernachlässigen? In fünf Schritten werden Ihnen die absoluten Basics an die Hand gelegt.

Step 1
Zunächst sollten Sie in Ihrem Garten checken, wie viel Platz dieser für die Hühner geben kann und wie viel Platz Sie von Ihrem Garten auch für die Hühner abgrenzen wollen. Auch, wenn Hühner nicht die größten Tiere auf unserer Erde sind, brauchen auch sie Platz. Daher zählt die Devise, umso mehr Hühner, desto mehr Platz benötigen Sie für sie in Ihrem Garten. Pro Huhn können Sie mit etwa zehn Quadratmeter rechnen. Dabei sollten Sie zusätzlich beachten, dass Sie den Hühnern eventuell im gesamten Garten Auslauf geben sollten. Pflegen Sie nebenbei auch Beete oder Ähnliches, so ist dies den Hühnern herzlich egal. Da werden Samen oder Früchte schon gern mal weggepickt. Falls dies der Fall ist, weisen Sie Ihren Hühnern einen klaren Bereich zu, den Sie mit einem Zaun begrenzen.

Step 2
Nicht nur ein zugewiesener Bereich, sondern auch ein adäquater Stall ist für eine gesunde Hühnerhaltung wichtig. Dieser sollte so konzipiert sein, dass er zumindest den meisten Wetterlagen trotzen kann. Wie dieser letztendlich aussieht, ist dem Huhn herzlich egal, lediglich der Mensch

erfreut sich daran, auch den Stall eines Huhns einigermaßen optisch schön zu gestalten. Das Wichtigste bei Ihrem Hühnerstall sind eine gute Belüftung, die nicht gerade mit einem Windzug verbunden ist, und Gelegenheiten der Fütterung und der Zugang zu sauberem Trinkwasser. Bei einem Stall ist die Bemessung der Quadratmeter anders als auf der freien Fläche. Hier gilt auf einem Quadratmeter Stallfläche eine Anzahl von etwa drei Hühnern. In einem späteren Kapitel erfahren Sie noch weitere Details zum Bau eines Hühnerstalls.

Step 3

Über den Erwerb Ihrer Hühner wurde bereits in vorangehenden Kapiteln geschrieben. Dennoch stellt dieser Erwerb den dritten Schritt im Prozess der Hühnerhaltung dar. Nochmals bleibt hier zu sagen, dass Sie sich überlegt für Ihre Hühner entscheiden und auf Ihre Vorlieben eingehen. Mögen Sie verlässlich Ihr Frühstücksei oder wollen Sie einfach nur Ihren Garten optisch noch ein wenig aufwerten?

Step 4

Nach der Beschaffung der Hennen geht es nun noch darum, ob Sie sich zusätzlich einen Hahn anschaffen möchten. Wie Sie bereits erfahren haben, legen Hennen auch ohne von einem Hahn befruchtet zu werden Eier. Warum sollten Sie dann einen Hahn benötigen? Noch dazu, weil Hähne meistens aggressivere und vor allem lautere Erscheinungen sind als ihre weiblichen Pendants.

Neben diesen Nachteilen haben Hähne auch Vorteile und wichtige Aufgaben, die sie in einer Herde von Hühnern übernehmen können. Wollen Sie Ihre Eier nicht nur zum Essen haben, sondern wollen Sie auch kleine Küken sehen, die großgezogen werden, so ist ein Hahn äußerst praktisch, da dieser die Eier der Henne befruchtet. Weiterhin ist ein Hahn eine Art Alphatier in der Herde und tritt zwar laut und imposant auf, kann eine komplette Herde jedoch gut anführen und Ruhe einkehren lassen. Zu guter Letzt zählt ein weiterer sozialer Aspekt. Der Hahn beschützt die Herde vor Feinden und fungiert nicht selten als Schlichter zwischen zwei Hennen. Er ist somit ein wichtiger Faktor für das Sozialverhalten Ihrer Hühnerherde. Entscheiden Sie sich für einen Hahn, so sollten Sie einen älteren kaufen, da dieser dann ein ordentliches Pfund an Erfahrung mitbringt und auch Junghennen gut im Griff hat. Wollen Sie einen Hahn halten, so sollten Sie dafür auch mindestens sechs Hennen halten.

Step 5

Die letzte Stufe im Prozess der grundlegenden Hühnerhaltung ist die Arbeit, die im Laufe der Zeit immer wieder anfällt, denn auch Hühner machen Ihnen etwas Arbeit. Hühner müssen täglich gefüttert werden und die Tränke sollte ebenso jeden Tag befüllt werden. Auch die Eier müssen jeden Tag eingesammelt werden.

Der wichtigste Punkt in Ihrer Arbeit als Hühnerhalter wird jedoch die Hygiene sein. Dabei sollten Sie darauf achten, dass die Futterstellen und auch die Tränken alle drei Tage geputzt werden. Auch Hühner scheiden Kot aus, im Idealfall auf sogenannte Kotbretter, die wiederum alle zwei bis drei Tage vom Kot befreit werden sollten. Eine komplette Reinigung des Stalls steht etwa einmal im Monat an. Hier werden Ränder geputzt oder Federn eingesammelt. Bei Bedarf können Sie die Flächen auch bedenkenlos desinfizieren.

HÜHNERRASSEN ZÜCHTEN

Geht es um die reine Züchtung von Hühnerrassen, so spielt immer auch eine gewisse Ästhetik eine wichtige Rolle. Zumindest in der Hobby-Hühnerhaltung geht es nicht um beste Effizienz oder Wirtschaftlichkeit, sondern schlichtweg darum, dass ein Garten auch optisch und in belebender Hinsicht etwas aufgewertet wird. Kommen Ihnen heutzutage Hühner in Gärten zu Gesicht, so können Sie sich sicher sein, dass diese Gene des Bankivahuhns in sich haben. Diese Rasse bildet das sogenannte Rohmaterial für alle bekannten Hühner, die heute auf der Erde existieren. Vom Bankivahuhn stammen somit vor allem die Farbgebung und die Form der Hühner ab.

Seinen Ursprung hat dieses Huhn in Asien und dort wurde es auch gezähmt, was bereits vor vielen Tausend Jahren geschah. Da sich das Bankivahuhn über die Jahrtausende immer wieder auch mit anderen damals existierenden Rassen fortgepflanzt hat, geschah so praktisch eine Art natürliche Kreuzung, was heute zur Folge hat, dass zwischen den vielen verschiedenen Rassen eine hohe Anzahl an Farbenvielfalt existiert. Genau dieser Grund lässt einen heutigen Hühnerzüchter auch lächeln, da dieser mit der gewaltigen Farbenvielfalt wunderbar experimentieren kann.

Nun wurde das Bankivahuhn bereits vor langer Zeit gezähmt, dennoch existiert nach wie vor eine Art Wildhuhn, welches weder Gemeinsamkeiten mit dem Bankivahuhn noch mit den heutigen Zuchthühnern hat. Die gravierendsten Unterschiede sind äußerlicher Art. Denn im Bereich Körpergröße ist das Wildhuhn dem allgemeinen Haushuhn weit überlegen. Schaut man ins Innere der Körper, so wird deutlich, dass auch die Muskulatur, das Skelett und auch die Struktur der Federn eine ganz andere ist und vor allem am Verhalten erkennt man schließlich einen deutlichen Unterschied.

Betrachtet man das tägliche Leben und stoffwechselrelevante Prozesse in einem Huhn, so beobachtet man beim Wildhuhn einen wesentlichen Unterschied. Haushühner und gezüchtete Hühner legen das ganze Jahr über Eier, was durch selektive Züchtung immer weiter forciert wurde, Wildhühner hingegen legen tatsächlich nur während der

Fortpflanzungsaktivität Eier.Was genau ist dann aus Sicht eines Hühnerzüchters dann eigentlich das Ziel? Im 19. Jahrhundert erreichte das Züchten von Hühnern auch in der Öffentlichkeit mehr Ansehen und somit interessierten sich immer mehr Menschen dafür. Vor allem konnte hier mit Blick auf neue Züchtungen und damit einhergehend neue Farben sehr viel Geld verdient werden.

Über die Zeit war das Huhn kein Huhn mehr, sondern wurde nur noch als Produktionsmaschine gesehen, wodurch viel Eigenschaften, die ein Huhn ausmachten, durch die Zucht verschwanden. Dass dadurch Rassen in ihrer ursprünglichen Art aussterben, kam erst Ende des 20. Jahrhunderts in das Gedächtnis der Züchter und somit fokussierte man sich wieder mehr auf seltene Rassen und das schöne Erscheinungsbild von Hühnern. Gerade durch den sogenannten Rassegeflügelzüchter Robert Oettels wurde diese Variante der Zucht sehr populär und hält bis heute an.

LEGELEISTUNG UND EIER

Zuvor wurde bereits darüber informiert, wie viele Eier spezielle Hühnerrassen in einem Jahr legen. Wie lange jedoch lebt ein Huhn und wie lange kann es Eier legen? Die Lebensdauer verhält sich ähnlich zu der des Menschen, denn wenn Sie Ihre Hühner pflegen, gesund ernähren und auf eine adäquate Haltung achten, dann können Hühner mitunter bis zu 50 Jahre alt werden. Dieses Alter erreichen jedoch nur ausgewählte, speziell dafür gezüchtete Hühnerrassen. In der Regel erreicht ein Huhn das Alter von etwa fünf bis neun Jahren und stirbt dann eines natürlichen Todes. Ist ein Huhn für einen leckeren Sonntagsbraten gedacht, so wird es meist nicht älter als zwei Jahre, da es dann getötet wird.

Betrachten Sie also die neun Jahre als gesamtes Leben eines Huhns, so ist es nicht verwunderlich, dass die Legeleistung bereits nach den ersten Jahren zurückgeht, jedoch so, dass es nach wie vor ausreichende Mengen an Eiern gibt. Speziell Rassehühner legen auch noch über das dritte Lebensjahr hinaus ihre Eier, wohingegen Hybridhühner, die jährlich viele Eier legen, nach zwei Jahren die Legeleitung enorm herunterschrauben oder auch gänzlich einstellen. Daher sollten Sie in jedem Fall unterschiedliche Hühnerrassen halten und auch darauf achten, dass die Hühner verschiedenen Alters sind, um einen Eiermangel zu umgehen.

Nun wissen Sie, wie lange Hühner Eier legen können. Weiterhin ist es interessant, ab wann die kleinen Küken, die sehr schnell zu erwachsenen Hühnern heranwachsen, Eier legen können. In der Regel legen Hühner ab einem Alter von zwanzig Wochen die ersten Eier, jedoch kann diese Dauer von Umwelteinflüssen und auch Charaktereigenschaften verlängert oder sogar verkürzt werden. Das hängt zumal mit der Rasse Ihrer jeweiligen Hühner zusammen.

Es existieren Hühnerrassen, die die Regel bestätigen und mit etwa zwanzig Wochen die ersten Eier legen. Diese sind zum Beispiel Bresse-Hühner oder Araukaner. Brahma-Hennen beispielsweise, legen erst nach sechs bis neun Monaten die ersten Eier. Auch die Aufzucht der Hühner spielt eine wichtige Rolle, vor allem die Zeit der Aufzucht. Besonders im Rahmen der Naturbrut beginnt der Legebeginn erst im Spätsommer oder sogar im Spätherbst. Wachsen die Küken in dieser kälteren Jahreszeit zu erwachsenen Hühnern heran, so kann es passieren, dass sie erst im darauffolgenden Frühjahr, wenn es wärmer wird, mit dem Legen von Eiern beginnen. Zu guter Letzt spielt auch noch das Futter eine wichtige Rolle, wenn es um den Legebeginn Ihrer Hennen geht. Achten Sie also darauf, dass Ihre Küken vor allem in den ersten beiden Wochen gesund, hochwertig und ausreichend ernährt werden.

Werden schließlich Teile Ihrer Hühner älter, so wird Ihnen auffallen, dass diese nun immer weniger Eier legen und teilweise das Eierlegen gänzlich einstellen. Das heißt jedoch noch lange nicht, dass diese Hühner keinen Wert mehr für Sie haben und erst recht nicht, dass sie keinen Wert mehr für Ihre Herde haben. Dennoch haben Hühner nach Beendigung der Legeleistung den höchsten Wert darin, dass das Fleisch dennoch sehr zart und knusprig ist. Speziell im Alter ab drei Jahren werden Ihre Hennen weniger Eier legen und eignen sich dann hervorragend als Sonntagsbraten.

Entscheiden Sie sich dafür, ausgewählte Hennen als Glucke fungieren zu lassen, so ist der Nachwuchs gesichert und somit auch die Eiproduktion. Lassen Sie eine Henne ausbrüten, so ist die Wahrscheinlichkeit nicht gering, dass in der Hälfte der Eier auch Hähne entstehen.

In der Massenproduktion der Eier werden diese Küken sofort getötet. Das widerspricht jedem einzelnen Gedanken in der Hobby-Hühnerhaltung. Daher können auch Hähne von den Glucken herangezogen werden und erst in einem Alter von einem Jahr geschlachtet werden, um das leckere Fleisch sinnvoll zu verwerten. Das Schlachten wird heutzutage auch von diversen Anlaufstellen angeboten, sodass Sie kein Huhn bei sich zu Hause schlachten müssen.

HÜHNERAUSLAUF

Planen Sie den Auslauf für Ihre Hühner, so sollten Sie nicht nur an den Ort denken, sondern auch an Methoden der Begrenzungen oder ein paar andere Dinge, denn nichts ist Ihren Hühnern wichtiger als ein ausreichender und erlebnisvoller Auslauf.

Weshalb dieser Auslauf so wichtig ist? Hühner haben diverse Triebe, wie beispielsweise Hudern, Scharren oder Picken, die sie lediglich in der Wildbahn ausüben können und nicht im Hühnerstall. Stellen Sie Ihren Hühnern einen großen Auslauf zur Verfügung, so können Sie sich sicher sein, dass auch die Ernährung sehr abwechslungsreich ist, denn in einem Auslauf finden Hühner gesunde Gräser oder reichhaltige Kräuter und

Insekten. Auch Fallobst ist für Hühner eine Delikatesse. Der Vorteil ist dadurch auch, dass sich die Futterkosten für Sie enorm reduzieren und Sie in andere nützliche Dinge investieren können, auch wenn der Geldbeutel bei der Haltung von Hühnern nie eine Rolle spielen sollte.

Wie groß sollte also Ihr Auslauf sein? Je nachdem, wie viele Hühner Sie halten, variiert die Größe, jedoch sollten Sie bei einer Hobbyhaltung mit etwa zehn bis dreißig Hühnern eine Auslauffläche von etwa 50 bis 500 m^2 bereitstellen. Ist Ihr Hühnerauslauf nämlich zu klein, werden die ersten Löcher in Ihrer Grünfläche schnell entstehen und somit wird keine adäquate Ernährung für die Hühner mehr möglich sein, zumindest in Hinsicht auf eine natürliche Ernährung.

Ist Ihr Auslauf zu groß, so kann auch dies negative Folgen haben, denn Hühner haben vor zu großen Flächen eher Angst und halten sich dann nur in der sehr nahen Umgebung zum Hühnerstall auf. Falls Sie solch ein großes Grundstück besitzen, sollten Sie also auch etwaige Sträucher, Hecken oder Bäume darauf pflanzen.

Den Hühnerauslauf zu bauen, ist dann der nächste Schritt. Hierfür gibt es drei Varianten, die sich bewährt haben. Zum einen können Sie sich für einen unbegrenzten Auslauf entscheiden, was für ein Huhn natürlich enormer Luxus ist, sich jedoch, wenn überhaupt, nur in sehr ländlichen Gebieten eignet. Auch die mobile Einzäunung ist eine gute Möglichkeit für den Freilauf, jedoch eher als Übergangslösung, da die Zäune hierbei nicht sehr stabil sind. Dafür können diese sehr schnell auf- und abgebaut und leicht transportiert werden.

Die letzte hier genannte Möglichkeit stellt die feste Einzäunung dar. Diese wird auch am häufigsten eingesetzt. Der Zaun ist hierbei stabiler als bei der mobilen Einzäunung und meist auch etwas höher. Durch eine Hühnervoliere kann auch der Auslauf geschützt werden. Dies stellt den optimalen Schutz vor den Fressfeinden der Hühner dar. In jedem Fall ist es sehr wichtig, dass Sie in Ihrem Auslauf die Grasnarbe erhalten, um den Hühnern stets frisches Gras als Futter zur Verfügung stellen zu können. Um das Scharren der Hühner nicht auf Rasenflächen zu begrenzen, sollten Sie einfache, sandige Flächen anlegen, auf denen Hühner beim Scharren kein Gras zerstören. Eine weitere Methode, um die Grasnarbe zu schützen, ist die, dass Sie Ihre Hühner bei Regenwetter eher im Stall lassen, da der aufgeweichte Boden in Verbindung mit Picken oder Scharren meist noch gefährdeter ist. Genauere Informationen hierzu und auch zum Aufbau eines Stalls erfahren Sie aber noch in einem gesonderten Kapitel.

VERHALTEN DER HÜHNER

Wie bei allen Tieren fragt man sich häufig: „Haben sie Gefühle?" Hühner sind dahin gehend im Vergleich zu anderen Tieren unbekannt und unerforscht. Dies hängt vor allem damit zusammen, dass es sich bei Hühnern verbietet, über Liebe zu Artgenossen oder Gefühle zu reden, da diese meistens zur Eierproduktion oder als Fleischlieferanten gesehen werden und somit einfach nur funktionieren sollen.

Dennoch muss man sich auch als Hobbyhalter mit diesem Thema auseinandersetzen. Jedes Huhn stellt ein Individuum dar, dessen sollten Sie sich in jedem Falle bewusst sein. Hühner sind sehr neugierige Tiere und es steckt wesentlich mehr in ihnen, als man von außen betrachten kann, und somit ist es eine Pflicht für jeden der Hühner hält, dies auch artgerecht durchzuführen.

Hühner sind Experten im Freundschaften-Schließen und vor allem entwickeln auch sie ein Gefühl von Liebe ihren Küken gegenüber. Eine Glucke erkennt jedes einzelne ihrer Küken und würde diese mit ihrem Leben beschützen. Bekommen Hühner die Möglichkeit, so treiben sie den ganzen Tag genau das, was Ihnen Spaß macht, und nicht das, was ihnen ihr Halter vorgibt. Gerade das stellt ein klares Indiz dafür, dass auch Hühner Respekt und Anerkennung verdienen. Dabei hat auch jedes Huhn einen eigenen Charakter. So ist das eine Huhn sehr mutig, das andere eher vorwitzig und einige andere hingegen wieder etwas ängstlicher oder zurückhaltender. Wie bei den verschiedenen Rassen bereits beschrieben, existieren sogar sehr aggressive Hühner.

Einen Test, dass Hühner auch auf Sie als Halter reagieren und mit Ihnen interagieren, gibt es auch: Geben Sie Ihren Hühnern hierfür gewöhnliches Hühnerfutter aus der Dose und nehmen Sie dann das Gegacker mit einem Gerät Ihrer Wahl auf. Werfen Sie Ihren Hühnern darauffolgend besondere Leckerbissen wie beispielsweise Mehlwürmer, gekochte Kartoffeln oder Obst zum Fraß vor und zeichnen Sie auch dann das Gegacker auf. Hören Sie sich anschließend das Aufgezeichnete an und Sie werden feststellen, dass sich das Gegacker erheblich unterscheiden wird. Versuchen Sie es!

Zuletzt kann man zu diesem Thema noch sagen, dass Hühner sehr soziale Wesen sind. Ein Huhn erkennt dabei etwa 100 weitere Hühner und weiß, welches es vor sich hat. Hier benutzen Hühner verschiedene Laute, welche als Verständigung fungieren und durch die sie auch viele Freundschaften schließen können. Das kann unter anderem auch daran ausgemacht werden, dass bei Hühnern nach dem Tod bei lebenslanger Freundschaft eine gewisse Form von Trauer festgestellt werden kann.

Hühnerstall

Neben dem Auslauf ist der Aufenthaltsort der Hühner schlechthin der Hühnerstall. Auch dieser ist in seiner Gestaltung und Ausdehnung enorm wichtig und sollte sich dementsprechend nach den Bedürfnissen Ihrer Hühnerrassen richten. Erst recht in der Hobbyhaltung spielt ein adäquater Hühnerstall eine wichtige Rolle, da in privaten Gärten oder Grundstücken meist weniger Auslauffläche vorhanden ist als beispielsweise auf einer Alm oder einem Bauernhof, wodurch der Stall dort ruhig etwas kleiner gehalten werden kann.

Ähnlich wie bei einem großen und guten Auslauf werden Ihnen Ihre Hühner auch einen sauberen und artgerechten Hühnerstall danken und dies mit gesunden und leckeren Eiern belohnen.

HÜHNERSTALL FÜR FÜNF HÜHNER

Natürlich spielt bei der Größe des Hühnerstalls auch die Anzahl Ihrer Hühner eine Rolle. Somit benötigen Sie für fünf Hühner keinen riesigen Hühnerstall, dennoch sollten Sie gewarnt sein, dass selbst Hühnerställe, die im Handel verfügbar sind und für fünf Hühner angepriesen werden, deutlich zu klein sind.

Sehen Sie es rein rechtlich, so ist es Ihnen erlaubt, neun Hühner auf einem Quadratmeter Stallfläche unterzubringen. Bei den Eiern aus dem Supermarkt können Sie also davon ausgehen, dass diese von Hühnern gelegt wurden, die nicht viel mehr Platz hatten.

Eine Ausnahme stellen Eier dar, auf denen das Label „Bio“ steht. Hier mussten sich höchstens sechs Hühner einen Quadratmeter teilen. Wie Sie sich sicher schon denken können, ist also selbst das Label „Bio“ kein Qualitätsmerkmal und auch hier werden Hühner bei Weitem nicht artgerecht gehalten. Zu empfehlen ist hingegen, dass Ihr Hühnerstall für fünf Hühner etwa zwei Quadratmeter groß sein sollte und die dazugehörige Auslauffläche etwa 25 Quadratmeter betragen sollte.

Um für saubere Eier zu sorgen und einen Ort, an dem sich die Hühnereier das Legen von Eiern angewöhnen sollten, so sollte für drei Hühner ein Legenest angelegt werden. Die Größe des Legenests, welches später mit Stroh oder Heu ausgelegt wird, wird mit etwa 35 × 35 Zentimetern empfohlen. Somit sollten Sie bei einem Hühnerstall mit fünf Hühnern zwei Legenester bereitstellen. Dann haben Sie sich bereits um das Wichtigste im Hühnerstall gekümmert, jedoch bei Weitem noch nicht um alles. Weiterhin sollte in Ihrem Stall eine Sitzstange für Ihre Hühner existieren, auf der diese ihre Nacht verbringen können. Auch ein Futtertrog und eine Tränke dürfen natürlich nicht fehlen, um Ihre Hühner auch innerhalb des Stalls ausreichend zu versorgen.

Eine Möglichkeit, Ihre Hühner sauber und parasitenfrei zu halten, ist ein sogenanntes Sandbad. Dies muss keinen großen Platz einnehmen, sollte jedoch Raum für zwei Hühner bereithalten, die sich darin wälzen können. Haben Sie dafür in Ihrem Hühnerstall keinen Platz, kann das Sandbad auch nach draußen in den Auslauf verlegt werden, muss hier jedoch regengeschützt aufgebaut werden. Zuletzt ist eine Hühnerklappe an einer Seite des Stalls empfehlenswert, durch die die Hühner am Morgen in den Auslauf gelangen und am Abend wieder in den Stall. Achten Sie darauf, dass Sie die Klappe über Nacht verschließen können, damit die Hühner im Stall bleiben und Fressfeinde davor.

Geht es schließlich in den Winter, sollte der Stall gut vorbereitet sein, um die Hühner auch in der kalten Jahreszeit vor Witterungsbedingungen zu schützen. Denn vor allem die Feuchtigkeit kann einem Hühnerstall ordentlich Probleme bereiten. Um Sie vor etwaigen Folgen zu schützen, sollten Sie die folgenden drei Ratschläge beachten:

Meist sind Hühnerställe aus Holz, welches unbehandelt ist. Dies hat seine Vorteile und klingt naturbelassen, dennoch ist für unbehandeltes Holz die winterliche Feuchtigkeit eine große Gefahr. Durch die Nässe weicht das Holz sehr schnell auf und quillt auf, wodurch sich diverse Rahmen verziehen, sich Türen nicht mehr öffnen lassen und somit der Hühnerstall unbrauchbar wird. Streichen Sie Ihren Hühnerstall also vor den kalten Monaten mit einer Holzschutzfarbe. Dies sind Lasuren, welche auf Wasserbasis hergestellt werden. Streichen Sie alle sichtbaren Holzflächen, sowohl innen als auch außen zweimal und erhöhen Sie somit die Lebensdauer Ihres Hühnerstalls um ein Vielfaches.

Beim zweiten Ratschlag geht es um den Boden, auf dem Ihr Hühnerstall steht, denn im Normalfall steht der Stall auf einer Erd- oder Rasenfläche und ist somit auch der Feuchtigkeit von unten ausgesetzt. Liegt im Winter dann auch noch Schnee, wird die Feuchtigkeit natürlich immer mehr und kann dem Stall so ordentlich zusetzen. Daher sollten Sie Ihren Hühnerstall in den kalten Monaten auf Pflastersteine setzen. Hier genügen bereits drei an jeder Ecke, um den Stall ein paar Zentimeter anzuheben. Somit ist dieser nicht mehr in direktem Kontakt mit dem kalten und nassen Boden und es besteht keine Chance für Fressfeinde, in den Hühnerstall zu gelangen.

Der letzte Tipp bezieht sich auf das Dach Ihres Hühnerstalls. Auch dieses ist häufig feuchtempfindlich und wird dadurch rasch instabil. Um diese Auswirkungen zu verhindern, können Sie auf das Dach spezielle Materialien wie beispielsweise Wellblech verschrauben, um dieses langlebiger zu machen. Auch dünne Siebdruckplatten sind hierfür sehr gut geeignet.

HÜHNERSTALL FÜR ZEHN HÜHNER

Um Ihre eigene Familie auf Trab zu halten, genügen fünf Hühner definitiv. Auch die Eierproduktion genügt, um eine Familie am Frühstückstisch zu beglücken, wollen Sie jedoch auch hin und wieder Bekannte, Freunde oder Nachbarn beschenken, so wird es mit fünf Hühnern nicht getan sein. Haben Sie zusätzlich auch noch den Platz, um etwa zehn Hühner zu halten, so liegt der Gedanke nah, sich einfach mehr Hühner anzuschaffen. Wie groß sollten Sie dann jedoch den Hühnerstall für zehn Hühner gestalten? Kann man hier die Werte des Hühnerstalls für fünf Hühner einfach doppelt nehmen? Die Antwort lautet: in manchen Bereichen ja, in manchen Bereichen nein.

Somit muss beispielsweise die Fläche keinesfalls doppelt genommen werden, denn auch zehn Hühner genügen eine Stallfläche von etwa zwei Quadratmetern, wenn zusätzlich ein artgerechter Auslauf vorhanden ist. Dieser sollte in etwa 30 bis 40 Quadratmeter betragen.

Die Ausstattung im Innern des Hühnerstalls ähnelt in jedem Fall der aus dem Hühnerstall für fünf Hühner. Auch hier ist die Sitzstange ein elementarer Bestandteil. Bei zehn Hühnern kann es da auf der Sitzstange schon schön eng werden, weswegen Sie eine Fläche von etwa zwanzig Zentimetern pro Huhn rechnen sollten. Unter die Sitzstange sollten Sie ein sogenanntes Kotbrett legen, wodurch Ihnen die Reinigung des Stalls erheblich erleichtert wird. Auch im größeren Hühnerstall werden Legenester benötigt. Für zehn Hühner sollten Sie dabei etwa vier Legenester zur Verfügung stellen. Hühnerklappe, Futterspender, Hühnertränke und Sandbad können Sie analog zu vorherigen Beschreibung anlegen; diese müssen auch nicht zwangsläufig größer gestaltet werden.

Bei zehn Hühnern kann es schnell eng werden und somit sollten Sie sich bei dieser Anzahl auch um Licht im Hühnerstall kümmern. Um auch in den kalten Tagen Tageslicht zu empfangen, sollten Sie den Hühnerstall mit großen Fenstern ausstatten, die natürlich mit Plexiglas verstärkt werden. Um auch im großen Hühnerstall sowohl im Sommer als auch im Winter angenehmere Temperaturen zu schaffen, sollten Sie weiterhin zwei Dinge beachten. Gestalten Sie Ihren Stall für die zehn Hühner nicht über die zwei Quadratmeter hinaus, so genügt meist die Körperwärme der Hühner, um den Stall auf einer adäquaten Temperatur zu halten. Im Sommer ist dies eher kontraproduktiv, weswegen Sie hier auf eine gute Isolierung bauen sollten, die die Hitze abhält. Achten Sie beim Anbringen einer Isolierung darauf, dass alle Ritzen verschlossen sind und Milben somit keine Rückzugsmöglichkeiten im Innern des Stalls haben. Nebenbei bewahrt die Isolierung auch im Winter die innere Wärme.

Um es Milben noch schwieriger zu machen, in den Hühnerstall einzudringen, können Sie sogenannte Anti-Milben-Verkleidungen verbauen. Die sind dünne Aluminiumplatten, die im Innern des Stalls angeklebt oder angeschraubt werden und hölzerne Ecken dadurch gut verkleiden. Dadurch wird den Milben der natürliche Lebensraum weggenommen.

MOBILER HÜHNERSTALL

Neben der Größe des Hühnerstalls und dessen Fassungsvermögen spielt der generelle Ort ebenfalls eine elementare Rolle und so hat sich in den letzten Jahrzehnten der sogenannte mobile Hühnerstall immer weiterentwickelt und ist heute fast so populär wie der statische Hühnerstall. Gerade, wenn Sie nicht in der Lage sind, ein geeignetes Gebäude zu installieren, wird ein mobiler Hühnerstall interessant, bei dem jedoch nicht weniger beachtet werden sollte.

Dabei birgt eine solche Option Vor- sowie auch Nachteile. Der gravierendste Nachteil ist sicherlich, dass Sie Ihren Hühnerstall und den damit verbundenen Auslauf nicht überall platzieren können, da Sie diesen nicht an jeder Geländegegebenheit aufstellen können.

Zu diesen Gegebenheiten zählen beispielsweise felsige

Bodenbeschaffenheiten oder bergige Landschaftsstrukturen. Wie Sie sich sicher vorstellen können, ist in solchen Terrains der Transport äußerst schwierig und auch ein sicherer Stand des mobilen Hühnerstalls kann meist nicht gewährleistet werden.

Die Vorteile eines mobilen Hühnerstalls überwiegen im Vergleich doch deutlich. Ein wesentlicher Vorteil ist, dass Ihre Hühner durch ihr Picken und Scharren nicht dauerhaft denselben Boden malträtieren. Durch einen Hühnerstall in Ihrem Garten und dem damit verbundenen Auslauf bleibt Ihren Hühnern keine andere Wahl, immer dasselbe Gras zu scharren, was nachhaltig zu wenig Gedeihen führt. Mit einem mobilen Hühnerstall können Sie von Areal zu Areal ziehen und schaden somit keinem der zur Verfügung stehenden Böden, da auf diesen immer nur eine gewisse Zeit gepickt und gescharrt wird. Weiterhin ist diese Art der Haltung auch noch einmal artgerechter, da die Hühner immer wieder neue Landschaften erkunden können.

Ein Nachteil der festen Auslaufhaltung Ihrer Hühner ergibt sich aus den kalten Wintermonaten, in denen die Feuchtigkeit Stall und Auslauf schwer zu schaffen macht. Mit einem mobilen Hühnerstall können Sie auch dieses Problem umgehen, indem Sie immer wieder neue Positionen ausfindig machen und sich der Auslauf so immer wieder verändert.

Wichtig bei dem Modell eines solchen Hühnerstalls ist die Transportmöglichkeit, die am besten durch eine ordentliche Bereifung gegeben ist. Sicher ist Ihnen im Hinblick auf diese Option schon das eine oder andere Mal ein Baumwagen unters Auge gekommen, der sich hierfür natürlich sehr gut eignet. Bauen Sie das Innere eines solchen Bauwagens ein wenig um und achten Sie auf geeignete Ein- und Ausstiegsflächen für Ihre Hühner, so steht Ihrem mobilen Hühnerstall fast nichts mehr im Wege.

Um Milben zu vermeiden, sollten Sie dabei darauf achten, dass Sie die Schlitze oder Löcher im Wagen gut verschließen und dennoch für ausreichend Licht im Innern des Baumwagens sorgen. Beim Ein- und Ausstieg sollten Sie darauf achten, dass Sie, um den Höhenunterschied zu überbrücken, eine sogenannte Hühnerleiter installieren. Diese ist ein Brett mit Sprossen. Halten Sie diese jedoch nicht allzu steil. Entscheiden Sie sich für einen solchen mobilen Hühnerstall, so ist der Kostenaufwand in der Regel etwas höher als bei einem Hühnerstall, den Sie in Ihrem Garten aufgebaut haben. Meist sind alte Baumwagen schon ab wenigen hundert Euro käuflich zu erwerben.

HÜHNERSTALL SELBST BAUEN

Machen Sie sich selbst an den Bau Ihres Hühnerstalls, so sollte man anmerken, dass die schöne Optik und passend verarbeitete Materialien zwar ein Blickfang für Passanten darstellen, Ihren Hühnern jedoch herzlich egal sind. Dennoch geht der Trend dahin, dass der Hühnerstall neben der Zweckmäßigkeit auch eine Augenweide darstellen soll.

Zunächst bleibt dennoch zu sagen, dass die Möglichkeit besteht, sich einen Hühnerstall zu kaufen. Dies stellt definitiv die einfachste Variante dar und ist auch mit wenig Risiko verbunden, denn bei gekauften Hühnerställen wurde in der Regel auf die wichtigen Faktoren wie beispielsweise Durchlüftung, Licht oder Isolierung bereits geachtet.

Auch in Variationen bezüglich der Anzahl existieren solche Hühnerställe in den Baumärkten und Fachhandeln. Lassen Sie sich einen derartigen Hühnerstall liefern, so muss dieser dennoch zusammengebaut werden, was also ein wenig handwerkliches Geschick voraussetzt. Um Ihnen einen Richtwert zu geben: In Standardausstattung kostet ein Hühnerstall wenige hundert Euro, bei größerer Ausführung und den einen oder anderen speziellen Details kann der Preis dann aber auch sehr schnell nach oben gehen.

Besitzen Sie bereits eine Art Gartenhaus, welches Sie nicht mehr benötigen, so bietet sich nach einigen Baumaßnahmen auch dieses sehr gut an, um als Hühnerstall zu fungieren. Gerade bei diesen sollten Sie jedoch darauf achten, dass Sie eine gute Isolierung, einen Anstrich und auch Sicherheit vor Fressfeinden garantieren können. Eine Isolierung bringen Sie in jeder Art Ihres Hühnerstalls am besten wie folgt an: Dazu benötigen Sie Styropor oder Glaswolle und statten damit alle Wände bis mindesten über den Schlafbereich der Hühner aus.

Alternativ kann hier auch Stroh oder eine Art Mineralwolle genommen werden. Natürlich würden die Hühner sofort am Isolationsmaterial los picken, weswegen Sie hier eine dünne Holzverkleidung davor anbringen sollten. Auch vor Milben und anderen unerwünschten Bewohnern schützen diese Holzplatten. Mit Edelstahl-, Holzleisten oder Silikon sollten Sie zum Schluss noch alle Ritzen und kleinen Löcher so gut es geht verschließen, um kleinere Tiere fernzuhalten. Die Innenverkleidung sollte dann noch mit einer Kalkschicht versehen werden, um Milben oder ähnlichem Getier wirklich keine Chance mehr zu lassen, sich in Ihrem Stall niederzulassen.

Um Ihren Hühnerstall dann komplett selbst bauen zu können, sollten Sie definitiv handwerkliches Geschick besitzen und auch eine gewisse statische Grundkenntnis. Je nachdem, welches Material Sie nehmen, kann der Selbstbau enorm günstig sein, aber auch teurer als Baumwagen oder Gartenhäuser. Kommen Sie beispielsweise durch Bekannte an Steine und Holzbretter und müssen diese nicht im Baumarkt käuflich erwerben, so können Sie hierbei sehr viel Geld sparen. Für ein Grundgerüst eignen sich bereits ausrangierte Holzpaletten, die dann nur noch mit Brettern verkleidet werden müssen.

Wollen Sie auch bei diesen Brettern sparen, so gibt es auch in Baumärkten manchmal Bretter zweiter Wahl, die sich dennoch sehr gut für den Stallbau eignen. Trotzdem sollten Sie am Ende vor allem beim

Selbstbau besonders auf die üblichen Dinge wie die Isolierung und das Verschließen von Ritzen und Löchern achten. Um Sie nun noch bei dem Bau Ihres eigenen Hühnerstalls Schritt für Schritt zu begleiten, wird Ihnen im Folgenden eine geeignete Anleitung in sieben Schritten beschrieben, mit der Sie sicher an Ihr Ziel kommen.

Die einzelnen Schritte sind das Pflastern des Standorts, das Erstellen der Bauzeichnung, das Besorgen des nötigen Werkzeugs, das Sägen der Materialien, der Zusammenbau der Teile, der Bau des Hühnergeheges und die Endbearbeitung.

Schritt 1: Das Pflastern des Standorts Ihres Hühnerstalls

Um die Feuchtigkeit, die vom Boden kommt, aufzuhalten, ist es zu empfehlen, dass Sie den Boden unter Ihrem Stall pflastern oder mit Fliesen auslegen. Dazu sollten Sie den Platz, an dem Ihr Hühnerstall stehen soll, bereits ausfindig gemacht haben. Graben Sie an diesem etwa zwanzig Zentimeter tief, füllen Sie diesen Bereich wieder mit Sand und drücken Sie diesen dann fest. Hierfür eignet sich hervorragend eine Rüttel- oder Vibrationsplatte. Besitzen Sie ein solches Gerät jedoch nicht, können Sie auch Alternativen anwenden. Eine davon ist zum Beispiel das Unterwassersetzen des Sandfeldes. Dies wiederholen Sie so oft, bis Sie feststellen, dass sich der Sand nicht weiter senkt. Füllen Sie darauf bei Bedarf etwas Sand nach. Danach sollten Sie den Sand mit einer Abziehplatte glätten und darauf achten, dass die Fläche gerade ist. Danach steht dem Pflastern nichts mehr im Wege, Sie setzen einfach Stein an Stein in den Sand. Achten Sie hierbei auf kleine Lücken zwischen den Steinen, die Sie anschließend noch mit Sand auffüllen.

Schritt 2: Der Entwurf der Bauzeichnung

Um schon vor dem Bau einen Überblick über Ihren Hühnerstall zu bekommen, sollten Sie eine sogenannte Bauzeichnung anfertigen, auf der

Sie das Gestell mit den gewissen Maßen skizzieren. Auch die Materialien können hierauf vermerkt werden. Damit läuft der Bau Ihres Hühnerstalls mit Sicherheit strukturierter und damit auch schneller ab.

Schritt 3: Nötiges Werkzeug

Nun geht es allmählich an den Bau. Um Holz richtig sägen oder Nägel hämmern zu können, benötigen Sie allerdings noch ein paar Werkzeuge, die Sie jedoch leicht in Baumärkten finden können. Zum einen benötigen Sie eine sogenannte Trennsäge oder eine einfache Handsäge. Weiterhin eine Kreis- und eine Stichsäge. Weiter sollten Sie sich eine Akkubohrmaschine, die bohren und schrauben kann, zulegen und zusätzlich noch eine Wasserwaage, einen Anschlagwinkel, ein Maßband, einen Bohrer und einen Schraubendreher. Natürlich müssen Sie all dies nicht zwangsläufig kaufen, da diese Werkzeuge wirklich nur beim Bau des Hühnerstalls zum Einsatz kommen. Alternativ können Sie sich die Werkzeuge auch ausleihen. Die nötigen Holzschrauben sollten Sie sich natürlich kaufen.

Schritt 4: Sägen notwendiger Materialien

Konnten Sie durch Ihre Bauzeichnung das benötigte Material zusammenstellen, so können Sie nun die benötigten Materialien für Ihren Hühnerstall zurechtsägen. Um hier die Übersicht zu behalten, sollten Sie die einzelnen Teile nummerieren und dies auch auf der Bauzeichnung tun. Somit können Sie beim Bau Ihres Hühnerstalls eigentlich keine falschen Teile verbauen.

Schritt 5: Zusammenbau der Teile

Haben Sie nun alles nötige Material gesägt und nummeriert, so kann der Bau endlich losgehen. Die verschiedenen Materialien können nun mit der Grundlage Ihrer Bauzeichnung zusammengesetzt und -geschraubt werden. Beginnen Sie dabei mit dem Bau des Rahmens und des Bodens Ihres Hühnerstalls und schließen Sie dann mit den Seiten und der Front ab. Steht das Grundgerüst, so können Sie mit dem Bau des Brutkastens oder der Nester fortfahren und bauen Sie dann erst das Dach auf Ihren Hühnerstall. Auf das Dach aus Holz können Sie noch einen Schutz wie beispielsweise Bitumen anbringen. Zuletzt können Sie dann noch einen Futtertrog und eine Hühnerleiter – falls benötigt – anbringen. Um nach dem Bau noch in das Innere des Hühnerstalls zu gelangen, können Sie eine Seite des Dachs aufklappbar belassen. Dies ist vor allem für die Pflege und Reinigung des Stalls von großem Vorteil.

Schritt 6: Bau des Hühnergeheges

Wie bereits beschrieben, gestalten Sie je nach Anzahl und Menge Ihrer Hühner anschließend den Auslauf. Um die Umzäunung oder eine Umrandung zu installieren, graben Sie rund um den Auslauf eine Rille, die etwa zehn Zentimeter tief ist. Daraufhin bohren Sie an der Rille entlang noch Löcher in den Boden, um dort die Pfeiler für einen Zaun oder einen Hühnerdraht zu fixieren. Um die Voliere noch über den Auslauf zu legen und um diese zu fixieren, sollte auch diese mit einem stabilen Rahmen umrundet und dann an den Pfeilern befestigt werden. Um selbst in den Auslauf zu gelangen, sollten Sie eine entsprechende Tür einrichten, damit Sie Ihre Hühner auch noch adäquat füttern können und den Auslauf das eine oder andere Mal noch reinigen zu können.

Schritt 7: Endbearbeitung

Zuletzt führen Sie die sogenannte Endbearbeitung durch, bei der es um den Schutz des Hühnerstalls und des Auslaufs geht. Vor allem benötigen diese Schutz vor Feuchtigkeit. Dafür tragen Sie eine tierfreundliche Lasur auf das Holz auf und lassen diese einwirken. Danach sollte dieser Prozess nochmals wiederholt werden. Jedes halbe Jahr sollten Sie das

Holz erneut mit einer entsprechenden Lasur versehen.

FREILAUF AM HÜHNERSTALL

Nun haben Sie bereits etliche Informationen über den Auslauf Ihres Hühnergeheges erfahren und immer wieder haben Sie dabei die Worte Sandbad oder Futterplatz gelesen. Wie genau aber legen Sie diese enormen Upgrades für Ihren Freilauf an?

Beide Zusätze sind nicht besonders schwer anzulegen. Für ein Sandbad graben Sie zunächst ein Loch aus, welches etwa einen Quadratmeter groß ist und 40 Zentimeter tief. Natürlich sollten Sie im Voraus den geeigneten Standpunkt ausgemacht haben. Ein idealer Platz ist ein Bereich, an dem die Sonne scheint, sodass das Sandbad nicht über längere Zeit nass ist und der Sand darin schwer. Hierbei können Sie auch mit einer Überdachung für das Sandbad planen, um es vor Regen zu schützen. Meist eignet sich das Anlegen eines Sandbades und einer Futterstelle nebeneinander, da beides überdacht werden sollte und dies somit nur einmal gebaut werden muss. Benutzen Sie für Ihr Sandbad einen feinen Sand und geben Sie ein wenig Asche oder feine Holzkohle hinzu. Dies hilft den Hühnern, eventuelle Parasiten abzuschütteln. Vergessen Sie es nicht, Ihr Sandbad regelmäßig zu reinigen, denn Grasreste oder auch Kot verschmutzen dieses und Ihre Hühner auf lange Sicht.

Legen Sie – wie erwähnt – die Futterstelle für den Freilauf neben dem Sandbad an, um eine Überdachung zu bauen. Denn auch der Futterplatz ist draußen den Witterungsbedingungen ausgesetzt und sollte unbedingt trocken bleiben. Neben ausreichend Futter sollten die Hühner hier auch immer frisches Wasser vorfinden.

Auch der Untergrund Ihres Futterplatzes sollte leicht zu reinigen sein, um etwaige Reste nicht über längere Zeit dort liegen zu lassen, denn so werden ebenfalls Fressfeinde angelockt. Ideale Untergründe für einen

Futterplatz sind also feste Untergründe, wie beispielsweise Beton und Pflastersteine. Für die Hühner haben sich sogenannte Stülptränken bewährt, die natürlich je Anzahl der Hühner auch entsprechend groß sein sollten. Für ein Huhn können Sie eine Tränken-Breite von etwa zwei bis drei Zentimetern planen und einen Richtwert für die Wassermenge ist die Rechnung von mindestens zwei Litern für zehn Hühner täglich.

Als Futtertrog eignen sich im Auslauf sogenannte Futterautomaten oder Fressrinnen, die ein aufklappbares Fressgitter besitzen. Die Menge der Nahrung variiert hier von Nahrungsmittel zu Nahrungsmittel, wobei Sie in einem folgenden Kapitel noch mehr über das richtige Hühnerfutter erfahren.

VORSICHT VOR MILBEN

Mit aller Mühe gehen Sie beim Bau und bei der Pflege Ihres Hühnerstalls gegen Milben und ähnliche Parasiten vor. Leider kann es dennoch passieren, dass Ihr Stall von Milben befallen wird, dann ist es wichtig, diese zu erkennen und schnell zu handeln. Ist die Plage bereits akut, so wird auch der Leihe keine Schwierigkeiten dabei haben, die kleinen Parasiten zu erkennen. Um es nicht so weit kommen zu lassen, gibt es jedoch einige Dinge, auf die Sie achten können.

Wie sehen Milben also aus? Sie haben je nach Art eine bräunliche oder rote Farbe und können auch durchsichtig sein. Die Größe beträgt etwa zwischen einem und zwei Millimetern. Die Wahrscheinlichkeit, Milben zu entdecken, ist an gewissen Orten im Hühnerstall sehr hoch. Hier sollten Sie von Zeit zu Zeit immer zuerst schauen und prüfen. Vor allem sind sie in den Ecken und Kanten des Stalls zu finden, gerade an den Legenestern, an der Unterseite oder in den Rissen einer Sitzstange oder unter angeschraubten Brettern.

Des Weiteren gibt es typische Anzeichen an Holz und Hühnern, die auf ein Vorkommen von Milben hindeuten. Erkennen Sie braune oder rote Pünktchen auf den gelegten Eiern, sollten Sie bereits hellhörig werden. Sind dies tatsächlich Milben, so können Sie diese bei genauem Hinsehen auch krabbeln sehen. Nicht zwingend bewegen sich die Milben hier noch, da es sein kann, dass sie von Hühnern zerdrückt wurden. Betrachten Sie die Sitzstange, so können Ihnen Milben auch hier auffallen, vor allem, da diese sich hier sehr gern in den Ritzen aufhalten. Milben krabbeln schließlich nachts auf die Hühner und legen dort ihre Eier ab.

Überprüfen Sie Sitzstangen also äußerst intensiv und wechseln Sie diese auch immer mal wieder aus. Um sicherzugehen, sollten Sie Ihren Hühnerstall auch gelegentlich nachts überprüfen, da Milben nachtaktiv sind. Sehen Sie tagsüber keine einzige Milbe, so kann es passieren, dass es nachts in Ihrem Hühnerstall vor Milben wimmelt. Einen letzten Hinweis beim Aufspüren von Milben können Ihnen auch Ihre Hühner geben. Sind Ihr Stall und Ihre Hühner befallen, so werden sie auffallend unruhig oder kratzen sich häufig. Ebenfalls kann es dann passieren, dass die Hühner abends nicht in den Hühnerstall zurückwollen oder ein zerzaustes Federkleid haben.

Konnten Sie schließlich Milben ausfindig machen, so ist es unabdingbar, schnell zu handeln. Zunächst sollten Sie die Einstreu im Hühnerstall komplett entfernen. Auch die angetrockneten Reste des Kots müssen vollends entfernt werden. Darauf schrauben Sie die komplette Abdeckung des Stalls ab und untersuchen diese auf Ritzen oder Löcher, in denen sich Milben halten könnten und versiegeln diese.

Um dann die Milben in Ihrem Stall bekämpfen zu können, können Sie den Stall einerseits abflammen, wobei der Hühnerstall dann nicht aus brennbaren Materialien bestehen sollte. Auch ein Hochdruckreiniger ist dafür geeignet, Milben zu vertreiben und zu töten. Somit können Sie Ihren Stall ganz ohne chemische Substanzen von Milben befreien und schaden auch der Umwelt nicht. Dennoch sind auch solche Substanzen ein Mittel, um Milben zu beseitigen, und darüber hinaus auch das sicherste Mittel. Diese sind in Baumärkten zu erwerben und sollten dann auf die Flächen Ihres Hühnerstalls aufgetragen werden. Schädlich für Ihre Hühner sind diese chemischen Substanzen allerdings nicht. Zuletzt kann überlegt werden, ob Ausstattungen wie beispielsweise die Sitzstange, die Legenester oder die Hühnerleiter komplett neu angeschafft werden. Um die oben beschriebenen Szenarien gar nicht erst geschehen lassen zu müssen, gibt es ein paar Möglichkeiten, um Milben vorzubeugen. Dafür sollten Sie alle Ritzen im Holz Ihres Hühnerstalls mit beispielsweise Silikon verschließen. Auch das Kalken des Hühnerstalls ist eine gern gewählte Variante und ebenso die Anwendung von Kieselgur. Kieselgur ist ein weißes Pulver, welches aus sedimentärem Gestein besteht und in Verbindung mit Wasser auf alle betroffenen Flächen gesprüht werden kann.

HÜHNERVOLIERE

Die Hühnervoliere stellt das Dach des Hühnerauslaufs dar. Ist dieser zusätzlich groß und im Gesamten mit einer Voliere umrandet, so stellt dies die absolute Luxusvariante eines Hühnerauslaufs dar, denn einerseits bleiben Ihre Hühner innerhalb des Auslaufs – Hühner, die gut fliegen können, brechen gern einmal aus und überwinden dabei auch höhere Zäune –, andererseits sind Ihre Hühner durch eine komplette Voliere auch vor Feinden wie beispielsweise Falken oder ähnlichen Greifvögeln aus der Luft geschützt.

Um Ihre Hühnervoliere geeignet anzubringen, müssen Sie auch auf andere Dinge als nur die Größe achten, so spielt beispielsweise im Winter die Schneelast eine große Rolle. Aber eins nach dem anderen.

Bauen Sie Ihre Hühnervoliere selbst, so sollten Sie sich zunächst an die Rahmenkonstruktion, die in gewisser Weise das Gerippe der Voliere darstellt, machen und diese zusammenbauen. Darüber wird in den nächsten Schritten der Volierendraht gespannt. Im Allgemeinen gibt es drei Materialien, die sich für dieses Gerippe eignen, ein jedes mit seinen eigenen Vorteilen. Benutzen Sie für die Rahmenkonstruktion Metallrohre, so ist die eine äußerst stabile Angelegenheit. Um ein Gestell aus Metallrohren anfertigen zu können, sollten Sie jedoch handwerklich begabt sein, da die Enden der Rohre natürlich zusammengeschweißt werden müssen. Dazu ist diese Variante die teuerste für Ihr Volierengerippe. Eine andere Option steht Ihnen mit Holzbalken zur Verfügung. Je nach Größe des Auslaufs und der Voliere sollte der Balken Maße zwischen vier mal vier bis acht mal acht Zentimeter betragen. Diese Balken werden einfach zusammengebaut und mit sogenannten U-Nägeln kann dann die Voliere an der Rahmenkonstruktion befestigt werden. Zuletzt können Sie die Rahmenkonstruktion für Ihre Hühnervoliere auch aus sechs bis acht Zentimeter starkem Rundholz anfertigen. Diese Variante ist dabei die günstigste und sorgt zudem für ein sehr natürliches Erscheinungsbild.

Haben Sie sich für eine Variante entschieden, so befestigen Sie nun rundherum den Volierendraht, mit dem das jeweilige Material, welches die Voliere nach oben hin verschließt, angebracht wird. Auch bei diesem Material gibt es verschiedene Varianten und somit Kriterien, auf die Sie achten sollten. Um die Voliere nach oben zu schließen, können Sie diese zum Beispiel mit einem grobmaschigen Volierendraht bespannen. Natürlich ist feinmaschiger Draht schützender vor Fressfeinden als die groben Maschen, jedoch sind auch diese selten zu durchdringen für Falken oder Habichte.

Der Vorteil am grobmaschigen Volierendraht besteht darin, dass dieser im Winter unter Umständen nicht unter einer hohen Schneelast leidet. Auf feinmaschigem Draht hält sich der Schnee im Winter leichter und somit kann es passieren, dass Ihre gesamte Hühnervoliere zusammenbricht. Alternativ können Sie auch ein stabiles Netz spannen. Diese ist definitiv auch günstiger und erfüllt in etwa denselben Dienst.

Fliegen Ihre Hühner aufgrund ihrer Rasse sowieso nicht davon, so genügt es auch, farbige Bänder als Greifvogelschutz anzubringen. Dazu spannen Sie die farbigen Bänder wie beispielsweise Absperrband einfach quer und längs mit einem Abstand von etwa 40 Zentimetern über die Voliere. Greifvögel lassen sich bereits davon abschrecken und werden somit Ihre Hühner in Ruhe lassen. Der Nachteil an dieser Variante ist allerdings, dass diese Bänder meist nicht sehr stabil und schon gar nicht winterfest sind. Somit sollten Sie diese immer auf Funktionalität prüfen und erneuern.

Nun bleibt noch der letzte Punkt, den Sie beim Bau des Zauns und der Voliere beachten sollten: Wie groß sollten die Maschen des Zauns und wie stark der jeweilige Draht sein? Die Maschen Ihres Hühnerzauns bei einer vollkommen geschlossenen Voliere sollten in etwa einen Zentimeter groß sein. So werden sogar Mäuse vom Eindringen in den Auslauf aufgehalten. Der Draht sollte hierbei etwa einen Millimeter dick sein, so wird dieser auch von keinen Nagern durchbrochen.

Nun kann es Ihnen je nach Anzahl Ihrer Hühner doch passieren, dass Ihre Auslauffläche sehr groß gestaltet ist und unmöglich komplett mit einer Voliere geschützt werden kann. Für die dann entstehenden Freiflächen eignen sich zum Schutz einige Strauch- oder Baumarten, bei denen die Hühner Schutz suchen können und sich sicher fühlen. Diese Arten sind beispielsweise Bambus, Weigelien, Obstbäume oder Haselnuss.

Hühnerfutter

Schon mehrfach wurde Ihnen von adäquater, gesunder und nahrhafter Fütterung Ihrer Hühner berichtet. Was genau bedeutet dies jedoch und gibt es gesetzliche Richtlinien für eine artgerechte Ernährung für Hühner? In der Tierschutznutztierverordnung werden Sie hier nicht viel finden, was jedoch nicht bedeutet, dass Sie Ihren Hühnern alles zum Fraß vorwerfen sollten. Denn auch Hühner stellen einen gewissen Anspruch an ihr tägliches Futter und danach besteht die Ernährung von Hühnern aus drei wesentlichen Bestandteilen.

Ein Großteil – genau gesagt die Hälfte – besteht aus fertigem Hühnerfutter aus dem Handel, welches Sie jedoch auch problemlos selbst herstellen können. Die Inhalte hierbei sind vor allem Körner verschiedener Getreidearten und auch die eine oder andere Blüte. Wichtig hierbei ist, dass das Futter abwechslungsreich ist und nicht nur ein Korn zum Fraß vorgeworfen wird. Ein weiteres Viertel der Ernährung eines Huhns besteht aus Obst, Gemüse und Eiweißfutter.

Diese Komponenten sind wahrliche Vitaminlieferanten und gelten auch unter Ihren Hühnern als besondere Leckereien. Beispiele hierfür sind Gurken, geriebene Karotten, Beeren, Äpfel, Mehlwürmer, Brennnesselblätter oder Salatblätter. Zuletzt besteht die Ernährung von Hühnern zu einem weiteren Viertel aus Gräsern und Insekten, die diese im Freilauf finden. Im Winter werden Ihre Hühner wenig Zeit im Freilauf verbringen, weshalb Sie darauf achten sollten, dass sie dann einen adäquaten Ersatz bekommen.

AUS EIGENER HERSTELLUNG

Wollen Sie Hühnerfutter selbst herstellen und dabei darauf achten, dass die Ernährung für Ihre Hühner auch noch eiweißhaltig ist, so können Sie selbst Mehlwürmer züchten, denn diese sind bei Hühnern sehr beliebt. Das ganze Züchten klingt zwar wieder nach komplizierten Prozessen, jedoch ist es eigentlich ganz einfach, so zu eigenem Hühnerfutter zu kommen. Der zeitliche Aufwand ist hierbei jedoch ein Punkt, der ein paar wenige Hühnerhalter abschreckt. Um Mehlwürmer zu züchten, sollten Sie nämlich etwa eine Stunde am Tag einplanen.

Um damit zu beginnen, benötigen Sie natürlich nicht nur Zeit, sondern auch folgende Materialien: Wichtig ist Weizenkleie, eine Kunststofftonne, eine engmaschige Katzenkloschaufel, ein paar Wäscheklammern und einen Kalender. Darüber hinaus benötigen Sie fünf bis zehn Kunststoffboxen, dazu entsprechende Heizmatten, eine Zeitschaltuhr, harte Semmeln und Obst oder Gemüse.

Achten Sie nun darauf, dass Sie Ihre Kunststoffboxen in angenehmer Höhe positionieren, um ein rückenschonendes Arbeiten zu garantieren. Deckel oder ähnliche verschließende Gegenstände benötigen Sie für die Boxen nicht, da Mehlwürmer nicht fliegen können. Es genügt also, wenn Sie Ihr neues Mehlwurmdepot auf einem alten Schreibtisch einrichten, bei dem auch die Schubladen genutzt werden können. Dabei ist zu beachten, dass es in den Boxen nicht zu stickig werden darf, aber auch nicht zu feucht. Lüften Sie die Boxen daher einmal täglich, um etwaige Probleme zu vermeiden.

Doch eins nach dem anderen. Zunächst befüllen Sie die Boxen etwa zehn Zentimeter hoch mit Weizenkleie. Hier staubt es zum ersten Mal und auch generell ist die Zucht von eigenen Mehlwürmern eine sehr staubige Angelegenheit, weswegen Sie die Zucht aus Ihrer Wohnung in einen Keller, eine Scheune oder einen Stall auslagern sollten. Auch eine Gartenhütte eignet sich, wenn diese groß genug ist. Um Ihre Zucht zu starten, kaufen Sie die ersten Mehlwürmer von einem Züchter, auch im Internet ist es mittlerweile möglich, Mehlwürmer zu kaufen. Diese setzen Sie dann in die Plastikboxen mit der Weizenkleie darin und geben auch gleich die Nahrung für die Mehlwürmer hinzu. Geeignete Nahrung stellen getrocknete Semmeln und Obst oder Gemüse dar. Hier eignen sich Früchte wie beispielsweise Äpfel, Karotten, Kürbisse, Birnen, Zucchini oder Honigmelonen. Achten Sie vor allem beim Obst oder beim Gemüse darauf, dass Sie dieses bei Verfütterung in etwa einen Zentimeter dicke Scheiben schneiden.

Nun können Sie warten, bis sich die ersten Larven verpuppt haben. Diese Puppen kommen in einen neuen Behälter, welcher ebenso mit Weizenkleie aufgefüllt wurde, jedoch sollten Sie darauf achten, dass Sie jeden Tag danach schauen und etwaige Puppen in die neue Box geben, da es sonst sein kann, dass die Puppen von Mehlwürmern und Käfern gefressen werden. In der neuen Box reifen die Puppen dann schnell zu eher durchsichtigen, dann aber schwarzen Käfern heran und können wiederum in eine neue, mit Weizenkleie befüllte Box gegeben werden, in der die Käfer wieder mit Obst und Gemüse gefüttert werden.

Die Käfer paaren sich schließlich und legen die Eier, aus denen die Mehlwürmchen etwa drei Wochen später schlüpfen, direkt in der Box ab. Die Käfer verbleiben etwa fünf Wochen in einer Box und können dann in eine neu bestückte Box umgesetzt werden. So wird auch in diesem Bereich eine gewisse Hygiene beachtet. Am einfachsten gelingt Ihnen das Umsetzen mit einer Katzenkloschaufel, mit der Sie auch die Larven herausnehmen können. Bei diesen Arbeiten empfehlen wir Ihnen, eine Maske zu tragen, da der aufgewirbelte Feinstaub Ihren Atemwegen nachhaltig Schaden zufügen kann.

Je nach der Phase der Entwicklung können Sie Ihre Boxen beschriften, um es Ihnen einfacher zu machen. Um schließlich auch nicht über das Umsetzen den Blick zu verlieren, können Sie einen kleinen Kalender benutzen, in dem Sie tägliche Kontrollen und Umsetzungszeitpunkte eintragen und vermerken. Da sich die Larven bei hohen Temperaturen sehr schnell vermehren, jedoch bei kühlen Temperaturen nicht, können

Sie in den kalten Jahreszeiten die oben erwähnten Heizmatten benutzen. Natürlich müssen Sie die Matten nicht ständig in Betrieb haben, es genügt, wenn Sie diese per Zeitschaltuhr immer mal wieder laufen lassen und auch wieder abstellen. Das erleichtert Ihnen die Arbeit ungemein. Als Richtwert sollten Sie eine Beheizung jeder zweiten Stunde nehmen.

Um Ihre Behälter nach der Umfüllung zu reinigen, benötigen Sie nichts Besonderes, lediglich einfache Geschirrspülmittel oder Essig wird hierfür gebraucht. Der Inhalt kann normal mit dem Biomüll entsorgt werden und die Kunststoffboxen können schließlich wie Geschirr abgespült werden. Vor Motten, die Ihnen bei dieser Arbeit hin und wieder zu Gesicht kommen können, müssen Sie keine Angst haben, denn diese schränken keineswegs Ihre Zucht ein. Ebenfalls kann es passieren, dass Sie innerhalb der Boxen einen Futtermilbenbefall haben. Auch diesen können Sie ganz einfach wegspülen. Dies ist dann jedoch ein Indiz dafür, dass Sie zu viel Feuchtfutter eingesetzt haben, was Sie beim nächsten Mal reduzieren sollten.

FUTTERSORTEN IM ÜBERBLICK

Bio-Hühnerfutter

Heute dreht sich alles um Nachhaltigkeit und biologische Herkunft. Auch bei der Ernährung des Menschen hat sich in diese Richtung viel geändert. Woher kommen die Lebensmittel? Wie werden diese an- und abgebaut? All diese Dinge spielen mittlerweile eine Rolle, so auch beim Futter für Ihre Hühner, denn hier besteht ebenfalls die Möglichkeit, Biofutter anzuschaffen, vor allem wenn es Ihr Ziel ist, Bioeier zu erhalten. Was genau bedeutet jedoch nun Biofutter? Grundsätzlich werden für biologisch angebautes Futter gewisse EU-Richtlinien gesetzt, welche im ökologischen Landbau beachtet werden müssen. Diese Richtlinien setzen fest, wie angebaut werden muss, welche Ausnahmen es dafür gibt und welche Düngemittel und Schädlingsbekämpfungsmittel eingesetzt werden dürfen. Hierbei müssen stets der Bodenschutz und der Schutz der Umwelt im Vordergrund stehen.

Einen weiteren wichtigen Punkt beim biologischen Hühnerfutter stellt der Schutz vor genmanipuliertem Futter dar, was einen weiteren Vorteil bringt. Dieses Kriterium und natürlich der Umweltschutz lassen Sie jedoch im preislichen Rahmen etwas tiefer in die Tasche greifen. Doch auch die Vielfalt der Sorten im Bereich von Biofutter ist in den letzten Jahren enorm angestiegen und sorgt somit für einen weniger eklatanten Unterschied im Preis zwischen konventionellem und biologischem Hühnerfutter. Ihr persönliches biologisches Hühnerfutter können Sie sogar selbst zusammenstellen, wobei Sie die Zutaten in jedem Landladen oder Ökolandbaubetrieb erwerben können. Für zwanzig Kilogramm Biofutter, welches Ihre Hühner ausreichend und adäquat ernährt, benötigen Sie folgende Zutaten:

- 4 kg Weizen
- 4 kg Triticale
- 3,4 kg Maiskörner
- 1 kg Erbsen
- 1 kg Ackerbohnen
- 1,1 kg Grünmehl
- 1,4 kg Sojabohnen
- 200 ml Pflanzenöl
- 880 g Maiskleber
- 880 g Kartoffeleiweiß
- 1,64 kg Futterkalk

- 500 g Mineralstoffvormischung

Legemehl

Beim Menschen sagt man, dass das Auge mitesse. Zwar nicht in dem Ausmaß, jedoch auch bei Hühnern, spielt diese Regel eine wichtige Rolle und ihr Essen sollte eine gewisse Form und Beschaffenheit haben, damit es für Ihre Hühner attraktiv wird. So sollte das Futter aus kleinen Stücken bestehen, welche rund und glatt beschaffen sind. Diese Form präferieren Hühner am liebsten. Legemehl ist zwar etwas anders geformt, kann jedoch trotzdem auch sehr beliebt sein. Vor allem die Struktur des Legemehls hat dabei den entscheidenden Vorteil, da hierbei keine Bestandteile des Futters aussortiert werden, welche für Hühner wichtig sind, jedoch aufgrund ihrer Beschaffenheit von Hühnern nicht gegessen würden. Beim Legemehl unterscheidet man zwischen Legemehl-Ergänzungsfutter und Legemehl-Alleinfutter.

Bei der Fütterung durch Legemehl als Alleinfutter ist der erste wichtige Punkt, dass dieses aus einem Anteil von 18 Prozent aus Rohproteinen besteht, was vor allem für ausgewachsene Hennen wichtig ist, um genügend Energie zur Eierproduktion zu besitzen. Bei mindesten drei Prozent sollte hierbei auch der Anteil von Calcium stehen. Bei der Auswahl Ihres Futters sollten Sie eher das preislich teurere nehmen, da Sie sich hier sicher sein können, dass die Proteine nicht aus genmanipulierten Zusätzen kommen, sondern aus Bio-Sonnenblumenkernen oder aus Bio-Erbsen.

Sie können Legemehl auch als Zusatz- oder Ergänzungsfutter benutzen. Mischen Sie beispielsweise Ihr Futter selbst aus Weizen, Gerste und Mais, so fehlen hier meist die nötigen Proteine und die anderen Vitamine und Mineralien für Ihre Hühner. In diesem Fall macht es die Mischung. Empfohlen wird in der Regel eine Mischung von einem Drittel Legemehl-Ergänzungsfutter und zwei Drittel Körnermix. Egal, für welche Variante Sie sich entscheiden, bei Legemehl können Sie folgende drei Tipps aus der Praxis zum Aufpäppeln Ihres Hühnerfutters befolgen:

1. Bieten Sie Ihr Ergänzungs-Legemehl gesondert an und mischen Sie dieses nicht immer unter. Somit hat dieses Futter den Charakter eines gewissen Leckerbissens für die Hühner und wird schnell angenommen.

2. Befeuchten Sie Ihr Legemehl, um es für die Hühner schmackhafter zu machen, da diese staubtrockenes Futter nicht unbedingt mögen. Vermischen Sie das Legemehl also mit Wasser, ruhig so lange, bis ein dickflüssiger Brei entsteht.

3. Geben Sie zu Ihrem Futter gewisse Gemüsesorten hinzu. Als klein gehackte oder geraspelte Zugabe eignen sich Karotten hervorragend und Ihr Futter wird nochmals ordentlich aufgepäppelt.

Fertigfutter

Kaufen Sie Ihr Futter fertig, so werden Sie schnell bemerken, wie groß die Auswahl im Gesamten ist. Wie bereits erwähnt, spielen bei der Auswahl vor allem Form und Größe des Futters eine wichtige Rolle, da der Tastsinn des Schnabels bei Hühnern sehr viel mehr als der Geschmackssinn ausgeprägt ist. Haben Sie beispielsweise einen großen Auslauf, in dem sich Ihre Hühner ihr Futter selbst suchen, so sollten Sie auch Ihr industrielles Hühnerfutter etwas anpassen, da schnell ein Überschuss entsteht. Auch hier existieren aber spezielle Mischungen, die dieses Kriterium berücksichtigen.

In der Regel ist es wichtig, das Hühnerfutter nach Ihren Hühnerrassen auszuwählen, da auch hier feine Unterschiede auftreten können. Bei den jeweiligen Beschreibungen ist dies aber stets vermerkt und Sie können praktisch keine Fehler mehr begehen.

Kükenfutter

Wie bereits kurz angerissen, spielt auch das Alter der Hühner eine spezielle Rolle bei der Wahl des Futters. Bei Küken ist also auf ein etwas anderes Futter zu achten. Fakt ist, dass Sie Küken auf jeden Fall Futter stellen sollten und dieses nicht durch die Glucke besorgen lassen sollten. Um Ihre Küken schnell zu kräftigen Hühnern entwickeln zu lassen, sollten Sie also auf entsprechend nährstoffhaltiges Futter setzen.

In den ersten Tagen ernähren sich Küken noch vom Dottersack, doch dann sollten Sie handeln. Der Handel bietet hierfür einen sogenannten Kükenstarter an, welcher als Alleinfutter fungiert. Darin sind wichtige Mineralstoffe und Vitamine enthalten, welche die Küken für ein gesundes Wachstum benötigen. Nach drei Wochen sollten Sie den Hühnerstarter dann nicht mehr verfüttern. An diese Stelle tritt dann ein sogenanntes Kükenaufzuchtfutter, welches ebenfalls käuflich erworben werden kann. Dieses unterscheidet sich nicht mehr so sehr vom herkömmlichen Futter, vor allem die Aufnahme wird den Küken durch eine weichere Beschaffenheit und eine kleinere Form einfach gemacht.

Dieses Kükenaufzuchtfutter wird dann bis zur achten Lebenswoche verfüttert. Danach können die herangewachsenen Küken auch herkömmliches Futter verzehren. Um diese Umstellung angenehmer zu gestalten, können Sie nach der siebten Woche immer wieder Teile des herkömmlichen Hühnerfutters hinzugeben und gewöhnen somit die Küken daran.

Futterzusätze

In nahezu jedem Futter, welches Sie im Handel erwerben können, stecken Futterzusätze und Futterergänzungen, die nicht natürlicher Art sind. Dennoch heißt das nicht gleichzeitig, dass das Futter eine industrielle und chemische Mischung ist. Haben Sie beispielsweise Hühner, die sehr viele Eier legen, so ist ein Futterzusatz empfehlenswert, da diese Hühner enorm viel Energie benötigen und diese nicht aus Gräsern oder anderem natürlichem Futter ziehen.

Als Futterzusatz gilt jedoch auch der bereits beschriebene Mehlwurm oder auch ein Regenwurm, welche von Hühnern als besondere Leckerbissen wahrgenommen werden. Ohne in ein künstliches Futter abzudriften, können Sie Ihren Hühnern so immer wieder einen kleinen Gefallen tun und Ihre Hühner werden es Ihnen danken.

INHALTSSTOFFE UND IHRE WIRKUNG

Wie bereits beschrieben, ist einer der wichtigsten Inhaltsstoffe von Hühnerfutter das Eiweiß. Auch beim Menschen stellt Eiweiß einen sogenannten Makronährstoff dar und ist für viele Bereiche elementar. Eiweiß setzt sich aus einer hohen Anzahl von Molekülen zusammen, welche aus verschiedenen Aminosäuren bestehen. Aminosäuren sind praktisch das Fundament allen Lebens und sind somit auch für das Überleben von Hühnern und viele weitere Vorgänge im Innern des Huhns sehr wichtig.

Oft werden Sie den Begriff Proteine lesen, welches praktisch ein Synonym für Eiweiß ist. Bereits als Küken benötigen Hühner ein hohes Maß an Proteinen, um schnell und gesund wachsen zu können. Doch auch im weiteren Verlauf spielt Eiweiß eine wichtige Rolle, beispielsweise für den Aufbau von Antikörpern, für die Entwicklung der Knochen, für den Transport von körperwichtigen Substanzen und für den Aufbau von Muskeln, Federn und Haut. Neben dem Stadium des Kükens erfordert der Körper eines Huhns auch in Zeiten körperlicher Belastung eine hohe Menge an Eiweiß. So entstehen jährlich immer wieder neue Federn in der Zeit der sogenannten Mauser, währenddessen ein hoher Anteil an Proteinen verbraucht wird.

Auch bei der Produktion von Eiern ist dieser Bedarf vonnöten und nur ein gesundes Huhn legt auch täglich adäquate Frühstückseier. Hat eines Ihrer Hühner einen Mangel an Eiweiß, so können Sie dies durch das einfache Betrachten und eine Kontrolle Ihrer Hühner herausfinden.

In diesem Falle erstrahlt beispielsweise das Gefieder nicht mehr in vollem Glanz und auch die Form des Gefieders ist nicht mehr in ursprünglicher Form gegeben, da Federn leichter brechen oder einfach ausfallen. Haben Ihre Hühner zuvor täglich Eier gelegt und fällt diese Legeleistung enorm ab, so ist auch das ein Anzeichen für Proteinmangel.

Um diesen Problemen entgegenzuwirken oder vorzusorgen, gibt es allerdings eine Vielzahl an geeigneten Mitteln. So könnten Sie zum Futter immer wieder einmal eiweißhaltige Nahrung hinzugeben. Eiweißhaltig sind Eier, Fisch oder Fleisch. Auch andere Produkte wie Hülsenfrüchte, Soja oder Milchprodukte sind sehr proteinhaltig. Diese Zugaben sollten aber wirklich nur bei extremem Eiweißmangel verfüttert werden, da herkömmliche Hühnerfutter eigentlich einen ausreichenden Inhalt an Proteinen besitzen.

Welche genauen Bestimmungen existieren jedoch über das Verfüttern von Eiweiß an Hühnern? Gerade durch das BSE-Gesetz, welches im Jahre 2000 in Kraft trat, sind einige Richtlinien dazugekommen. Somit ist es seitdem nicht mehr erlaubt, tierische Proteine an Nutztiere zu verfüttern. Schon davor sollte es Ihre ethische Ader Ihnen verbieten, Hühner an Hühner zu verfüttern.

Tierisches und pflanzliches Eiweiß unterscheidet sich jedoch in der Anordnung der Aminosäuren und kann somit auch unterschiedliche Wirkungen zeigen. Verzichten Sie also auf tierische Proteine, müssen Sie sich mit pflanzlichen Ersatzstoffen behelfen, was durchaus möglich ist. Gerade in Lebensmitteln wie beispielsweise Soja, Bohnen und Erbsen sind enorm viele Ersatzstoffe enthalten. Begutachten Sie das Preis-Leistungs-Verhältnis, so ist Soja bei all der Auswahl sicher die beste Wahl, da es hochwertige Proteine liefert und zusätzlich sehr günstig im Handel erhältlich ist.

Neben den natürlichen Proteinzugaben existieren auch noch

künstlich hergestellte Eiweißkonzentrate, welche von der Industrie auf den Markt gebracht werden. Diese bestechen zwar mit einem enorm niedrigen Preis, jedoch haben sie eine geringere Wirkung. Natürliche Proteinverbindungen existieren zu 100 Prozent in der sogenannten L-Form-Aminosäure. Künstliche Proteine bestehen lediglich zu 50 Prozent aus dieser L-Form-Aminosäure und zu 50 Prozent aus der sogenannten D-Form-Aminosäure, was dann zur Folge hat, dass dieser künstliche Proteinlieferant keine große Wirkung zeigt.

FUTTERZUBEHÖR

Es wurde bereits ausführlich über einen Futterplatz für Ihre Hühner geschrieben, doch auch die Tränke und das sich darin befindende Wasser spielen in der Ernährung der Tiere eine wichtige Rolle. Dabei gibt es einige Dinge, die Sie beachten sollten. Beispiele hierfür sind die Art der Tränke oder die jeweilige Anzahl in einem gesamten Gehege.

Zunächst sollten Sie drei verschiedene Arten von Tränken in Betracht ziehen, welche die Stülptränke, die Standtränke und ein einfacher Topf darstellen. Die Stülptränke ist hierbei die verbreitetste Art und stellt das absolute Basismodell dar. Halten Sie hingegen eine große Anzahl Hühner, so ergeben auch andere Arten von Tränken einen Sinn. Besitzen Sie über vierzig Hühner, dann wird der gesamte tägliche Verbrauch an Wasser sehr hoch sein. Dann empfiehlt sich die sogenannte Standtränke, welche Sie beim Auffüllen mit Wasser nicht komplett anheben müssen. Alternativ können Sie diese ganz einfach mit einer Gießkanne von oben befüllen und brauchen somit keine Ewigkeiten, um Ihre Hühner mit ausreichend viel Wasser zu versorgen.

Die letzte Option wäre ein einfacher Topf und Wasser darin. Hierfür eignet sich am besten ein Küchentopf aus Edelstahl. Dies stellt zwar die natürlichste, unkomplizierteste und günstigste Lösung dar, jedoch hat diese Option keinen Deckel, was eine schnelle Verschmutzung der Tränke nach sich zieht. Weiterhin besteht bei einem Topf die Möglichkeit, dass ein Huhn hineinsteigt und badet, was das Wasser zusätzlich verschmutzt. Entscheiden Sie sich dennoch für einen Topf als Hühnertränke, sollten Sie darauf achten, dass Sie das Wasser darin mehrmals am Tag auswechseln.

Haben Sie sich für eine Art entschieden, so stellt sich die nächste Frage, und zwar die der Anzahl Ihrer Hühnertränken. Wie viele davon benötigen Sie? Da auch der Wasserkonsum mit der Legeleistung Ihrer Hühner zusammenhängt, sollten Sie penibel darauf achten, dass diese immer genügend sauberes Wasser zur Verfügung haben. Egal, für welche Art Sie sich entschieden haben, sollten Sie dennoch einmal am Tag nach Ihren Hühnern und den Tränken schauen, da es immer wieder sein kann, dass Tränken umgeschmissen wurden und somit kein Wasser mehr zur Verfügung steht.

Auch verdrecktes Wasser kann zur Reduzierung der Legeleistung führen, weswegen Sie auf jeden Fall eher mehrere kleinere Tränken bereitstellen sollten als eine große Hühnertränke. Je nach Art des Geheges sollten Sie auch draußen Tränken aufstellen, da Hühner dann auch im Sommer mehr trinken und eine höhere Legeleistung haben. Der Weg in den Stall ist den Hühnern meist zu anstrengend und sie trinken folglich weniger. Achten Sie also darauf, dass Sie in diesem Falle eine Tränke im Stall verfügbar haben und eine im Freilauf. Gestaltet sich dieser Freilauf bei Ihnen sehr groß, so sollten Sie mehrere Hühnertränken installieren, welche Sie jedoch alle zusammen an einem gewissen Punkt aufstellen sollten. Halten Sie Ihre Hühner lediglich im Stall, so ist eine Tränke im Stall ausreichend.

Nun geht es an die Größe der Hühnertränke. Zu groß sollten diese aus beschriebenen Gründen nicht sein. Sie können mit einem Richtwert rechnen, welcher besagt, dass ein Huhn am Tag etwa 200 bis 250

Milliliter Wasser zu sich nimmt. Im Sommer kann es jedoch gut und gern einmal passieren, dass Ihre Hühner mehr Wasser benötigen, weswegen Sie die Menge wirklich immer kontrollieren sollten. Bei sechs Hühnern sollten Sie daher eine Hühnertränke von zwei Litern besitzen, bei fünfzehn Hühnern eine mit fünf Litern. Besitzen Sie dreißig Hühner und mehr sollten Sie Hühnertränken mit zehn Litern verwenden. Auch wenn Sie sich für mehrere einzelne Tränken entscheiden, sollten diese immer, wie gerade beschrieben, befüllt sein, da Sie nie wissen können, ob Hühner eine andere Tränke annehmen, wenn sie eine leer getrunken haben.

Auch die Frage des Ortes, an dem Sie die Tränke aufstellen, ist keine unwichtige. Dabei sollten Sie zum einen beachten, dass die Position der Hühnertränke auf einem erhöhten Platz liegt, um etwaige Verunreinigungen des Wassers zu vermeiden. Dies kann leicht verhindert werden, zum Beispiel, indem Sie einfach glatte Steine wie beispielsweise Ziegelsteine darunterlegen. Zum anderen sollten Sie beachten, dass die Tränke an einem Ort steht, an dem sich die Hühner häufig aufhalten. Nach ein paar Beobachtungen sollten Sie diesen Ort ausfindig gemacht haben. Darüber hinaus sollten Sie auf einen schattigen Standort achten, da sich bei direkter Sonneneinstrahlung diverse Fremdkörper im Wasser bilden können, wie beispielsweise Algen. Die Folge wäre dann ein häufiger Tausch des Wassers, was zusätzliche Arbeit bedeuten würde. Zuletzt sollten Sie auf eine geeignete Erreichbarkeit des Ortes für Sie achten. Gerade bei nassem Wetter ist es nicht gerade komfortabel, wenn Sie an die Tränke kriechen müssen.

Neben den oben beschrieben Arten von Hühnertränken können Sie sich diese natürlich auch selbst bauen. Dazu benötigen Sie lediglich einen Blumenuntersetzer mit einem hohen Rand und einen Eimer, der im Radius mindestens zehn Zentimeter kleiner sein sollte als der Blumenuntersetzer und mit einem geeigneten Deckel ausgestattet werden kann.

Weiterhin benötigen Sie einen Akkuschrauber und einen Bohrer mit der Größe 10, Schleifpapier und einen Stift, mit dem Sie auf den Eimer sichtbar zeichnen können. Drücken Sie zunächst den Deckel fest auf den Eimer, um diesen komplett zu verschließen und stellen Sie dann den Untersetzer auf den Boden. Stellen Sie den Eimer daraufhin umgekehrt – also mit dem Deckel nach unten – mittig in den Blumenuntersetzer. Dann können Sie mit dem Befüllen des Wassers beginnen, indem Sie dieses in den Untersetzer füllen, bis das Wasser fast überläuft. Zeichnen Sie dann eine Linie an den Eimer entlang des Wasserspiegels und nehmen Sie den Eimer aus dem Untersetzer. Aus dem Wasser genommen zeichnen Sie nun eine zweite Linie um den Eimer herum, welche sich etwa einen Zentimeter von der anderen Linie in Richtung Deckel entfernt befinden sollte.

Nehmen Sie nun Ihren Akkuschrauber und bohren Sie Löcher mit jeweils etwa fünf Zentimetern Abstand auf der Linie, die näher zum Deckel ist als die Linie, welche Sie als zweites gezogen haben. Danach können Sie die Kanten der Löcher noch mit Schleifpapier etwas abrunden, um etwaige Verletzungsquellen zu verhindern.

Befüllen Sie den Eimer nun mit der entsprechenden Literanzahl und setzen Sie den Deckel anschließend wieder auf den Eimer. Dann drehen Sie den Eimer wieder um und setzen diesen mit dem Deckel nach unten wieder ins Wasser. Dann läuft die gewünschte Menge an Wasser heraus und die Hühner können aus Ihrer eigens fertiggestellten Hühnertränke trinken.

Gesundheit

Ihre Hühner erfreuen sich an ihrer Gesundheit und auch Sie können sich an der Gesundheit Ihrer Hühner erfreuen, denn nur gesund legen Hühner schmackhafte Frühstückseier und beleben Ihren Garten. Gesunde Hühner können Sie vor allem an deren Verhalten erkennen. Das Gackern und auch das Scharren stellen eindeutige Indizien dafür dar, dass Ihre Hühner gesund sind, fällt dieses Verhalten aus, so könnte das ein Anzeichen für eine Krankheit oder Ähnliches sein. Welche diese Krankheiten sind und welche Probleme bei Hühnern zusätzlich entstehen können, erfahren Sie im folgenden Kapitel.

KRANKHEITEN

Auch wenn Sie sich um die richtigen Stallgegebenheiten und die Hygiene gesorgt haben, wenn Sie auf hochwertiges Futter und genügend Auslauf achten, kann es passieren, dass Ihre Hühner krank werden. Wichtig ist es, Symptome zu erkennen und zu handeln und darüber hinaus wirksame Lösungen zur Heilung zu finden.

Dabei kann man sagen, dass schwere Hühnerkrankheiten selten auffallen, vor allem in der Hobbyhaltung. Diese Krankheiten sind beispielsweise die Newcastle-Krankheit, gegen die Hühner allerdings geimpft sein müssen, Pocken oder die Geflügelpest. Was Ihnen als Hobby-Hühnerhalter schon öfter passieren kann, ist, dass Ihre Hühner an Krankheiten wie beispielsweise Hühnerschnupfen oder Durchfall erkranken. Diese Krankheiten können Sie aber durch geeignete Mittel gut beheben. Drei der üblichen Krankheiten werden Ihnen im Folgenden beschrieben.

Durchfall
Die Erkrankung an Durchfall ist nicht unbedingt selten. Auslöser für

diese Krankheit können Fütterungsfehler und Infektionen sein und danach richten sich dann auch die jeweiligen Behandlungen. Ähnlich wie beim Menschen findet bei Durchfall bei Hühnern keine adäquate Verdauung statt und somit ist die Konsistenz des Kots eher weich und flüssig.

Um dieser Krankheit entgegenzuwirken, empfehlen sich vier Methoden. Zunächst können Sie jederzeit Ihren Tierarzt befragen und sich von diesem Medikamente holen, die den Durchfall beseitigen. Eine weitere Methode sind Aktivkohletabletten. Diese können Sie für die Hühner ins Essen mischen, was zur Folge hat, dass das überschüssige Wasser im Darm entzogen wird und den Kot wieder fest macht.

Ebenfalls empfiehlt sich eine spezielle Art von Möhrensuppe, die sogenannte Moro'sche Möhrensuppe. Dazu schneiden Sie ein Kilogramm Karotten in kleine Stücke und kochen diese etwa eine Stunde auf kleiner Hitze in zwei Litern Wasser. Danach pürieren Sie die Karotten und geben noch einen Teelöffel Salz dazu. Die Suppe können Sie Ihren Hühnern vor der Hauptmahlzeit geben, am besten eignet sich dazu der Morgen. Zuletzt eignet sich gegen Durchfall noch die Nutzung von Buttermilch, Äpfeln und Kräutern. Auch dieses können Sie den Hühnern vermengt zum Verzehr geben. Haben Sie mit Ihren Hühnern den Durchfall überwunden, so werden diese auch schnell wieder gesund. Danach sollten Sie den Stall einmal komplett grundreinigen, um auch letzte Reste der Erkrankung loszubekommen.

Hühnerschnupfen

Ja, auch bei Hühnern gibt es Schnupfen. Der Verlauf der Krankheit ist sogar ähnlich zu dem des Menschen. Auch hier ist die Nase verstopft und kann zu Problemen der oberen Atemwege führen. Weiterhin kann dadurch eine Art von Fieber ausbrechen. Ein Hühnerschnupfen kann sehr viele Auslöser haben und auch nur eine Begleiterscheinung sein.

Bei der Newcastle-Krankheit ist er beispielsweise letzteres. Ein Schnupfen als Hauptkrankheit kann durch etwaige Viren ausgelöst werden, beim Huhn sind dies entweder Adeno- oder Rhinoviren. Auch, wenn Ihre Hühner von Würmern befallen sind, kann sich ein Infekt der oberen Atemwege entwickeln. Ähnlich wie beim Menschen ist ein Huhn für Schnupfen anfälliger, wenn das Wetter feucht und windig wird, doch gerade dann können Sie davon ausgehen, dass es sich um einen herkömmlichen und leicht zu kurierenden Schnupfen handelt.

Typisches Anzeichen für einen Schnupfen sind das klassische Niesen oder tränende Augen. Doch nicht immer müssen diese Anzeichen auftreten. Haben Sie einen Verdacht, so können Sie ebenfalls auf ein lautes Atemgeräusch achten und auch das häufige Schnabel-Aufreißen.

Zeigt ein Huhn solche Merkmale, sollte es zunächst von den anderen Hühnern abgesondert werden, um diese nicht anzustecken. Auch der Stall sollte gereinigt und desinfiziert werden, um die anderen Hühner nicht weiter zu gefährden und eine weitere Möglichkeit ist, das Trinkwasser mit nützlichen Vitaminen zu versetzen.

Das kränkelnde Huhn kann mit einer Wärmelampe bestrahlt werden und dabei sollte Zugluft dringendst vermieden werden. Ist das Huhn erst einmal separiert, so können Sie es mit Kamillesud versuchen. Befüllen Sie ein Schälchen - darin Kamille-Gräser - mit kochendem Wasser und stellen Sie dieses an einem Platz, an den das Huhn nicht hinkommt.

Die ätherischen Öle werden die Nase sehr schnell wieder frei machen. Entfernen Sie das Schälchen nach etwa einer Stunde wieder. Ein weiterer Tipp wäre die Fütterung des kranken Huhns mit geriebenen Zwiebeln, welches dieses ebenfalls besser gesunden lässt. Bessert sich der Zustand des Huhns dennoch nicht, so sollten Sie in jedem Fall einen Tierarzt hinzuziehen.

Marek'sche Lähme

Diese Krankheit stellt eine weitere Viruserkrankung bei Hühnern dar und hat meist zur Folge, dass Ihre Hühner bei Erkrankung plötzlich humpeln und weiterhin auch sterben können. Hiervon sind vor allem Küken und jüngere Hühner bis fünf Monate betroffen. Diese Krankheit können Sie jedoch gut verhindern, denn auch hierfür existiert ein Impfstoff. Noch bevor dieser eingeführt wurde, starben etwa sechzig Prozent der Hühner, die mit der Marekschen Lähme infiziert waren. Somit sind die Impfung Ihrer Küken und natürlich eine entsprechende Hygiene in Ihrem Hühnerstall wertvolle Mittel gegen diese Krankheit.

GESUNDHEITSPROBLEME

Neben diversen Erkrankungen stehen im Bereich Gesundheit bei Hühnern auch die gesundheitlichen Probleme im Vordergrund. Diese stellen keine Krankheit dar, sondern eher verschiedene Verhaltensweisen, die untypisch sind, sich Hühner jedoch angeeignet haben. So untypisch diese Verhaltensweisen oder Zustände auch sind, so häufig kommen sie bei Hühnern vor. Vor allem das Eierfressen, Kannibalismus oder Federpicken gehören dabei zu den prägnantesten Gesundheitsproblemen.

Eierfressen

Grundsätzlich muss man sagen, dass das Fressen von Eiern kein natürliches Verhalten des Huhns ist. Eine Ausnahme stellt ein zerbrochenes Ei dar. In diesem Fall wird das Ei von den anderen Hühnern sehr schnell verzehrt. Sobald Sie Hühner halten, stellt dies keinen natürlichen Rahmen mehr dar, Sie können es den Hühnern allenfalls so natürlich wie möglich machen. Bei schlechten Haltungsbedingungen kann es daher häufiger passieren, dass Eier zerbrechen und von den Hühnern verspeist werden.

Auch in den Wintermonaten ist eine steigende Tendenz zu beobachten, wenn Sie Ihren Hühnern zu wenig Nahrung zur Verfügung stellen. Passieren diese Dinge, die Eier zerbrechen zu lassen, zu häufig, so kann aus diesem Fressen ein erlerntes Verhalten werden, da das Fressen von Eiern positive Wirkungen auf die Hühner hat und somit wiederholt werden will. Die schlimmsten Ausmaße dabei sind, wenn Hühner dann so lange an gelegten Eiern picken, bis diese aufbrechen. Achten Sie also darauf, dass Ihre Hühner stets mit adäquater Ernährung ausgestattet sind, um nicht in den Versuch des Eierfressens zu kommen. Gerade im Winter kann man sich einen Zusatz von künstlichem Vitamin D überlegen, da den Hühnern in der kalten Jahreszeit meist das Sonnenlicht fehlt.

Kannibalismus

Kannibalismus kann bei Hühnern verschiedene Formen annehmen, wobei keine derer zu vernachlässigen ist. Alle Formen können zu schweren Schäden und Verletzungen führen, manche auch zum Tod eines Huhns. Das Federpicken gilt als Vorstufe von Kannibalismus. Der Grund dafür ist eine unausgewogene Ernährung und die Hühner picken daher einzelne Federn aus ihren Artgenossen und fressen diese. Gerade am Hals, am Rücken, an der Flügeloberseite und am Schwanzansatz ist dieses Picken beliebt. Durch die daraus entstandenen Verletzungen und offenen Wunden können Hühner weiter angestachelt werden und durch den fehlerhaften Trieb weiter an dem verletzten Huhn picken.

Eine spezielle Form des Kannibalismus ist der Kopfkannibalismus, bei dem sich das Picken auf den Kopf, den Kamm und die Kehllappen eines Huhns beschränkt. Diese Form kann häufig zum Tode führen. Auch der Zehenkannibalismus kann häufiger auftreten. Hier wird – wie es der Name auch verrät – an den Zehen anderer Hühner gepickt. Auch hier treibt ein verletzter Zeh den Trieb weiter an und auch hier kommen Hühner durch einen hohen Blutverlust häufig zu Tode. Die häufigste

Form von Kannibalismus stellt jedoch der Kloakenkannibalismus dar, bei dem die Kloake einer legenden Henne angepickt wird und in manchen Fällen dann auch von hinten aufgefressen wird. Hier spielen Krankheiten und eine schlechte Haltung eine große Rolle. Vermeiden Sie beim Legen von neuen Eiern eine direkte Sonneneinstrahlung oder zu helles Stalllicht, da die restlichen Hühner die Kloake als attraktive Nahrung ansehen. Fallen Ihnen letztendlich Hühner auf, die von Kannibalismus betroffen sind, sollten Sie diese zunächst in ein abgegrenztes Gehege verfrachten. Im Handel können Sie auch ein sogenanntes Kannibal-Spray erwerben, mit dem Hühner eingesprüht werden können, um schlechter und unattraktiver zu riechen.

Federpicken

Federpicken stellt eine Vorform des Kannibalismus dar, wird aber als eigenes Gesundheitsproblem geführt. Dabei ist in der Problemlösung darauf zu achten, dass meist eine einzelne Henne mit dem Federpicken beginnt und andere Hühner es ihr gleichtun. Handeln Sie also frühzeitig. In vier Schritten ist ein schnelles und sicheres Eingreifen möglich:

Schritt 1: Geben Sie Ihren Hühnern mehr eiweißhaltige Nahrung. Vor allem durch Tau- oder Mehlwürmer ist diese Zufuhr adäquat gegeben und der Pickreiz wird nachlassen.

Schritt 2: Bieten Sie Ihren Hühnern darüber hinaus Nahrung an, welche diese beschäftigt. Um Hühner vom Federpicken abzulenken, können Sie beispielsweise die Mehlwürmer in einer Einstreuschicht verstecken und die Hühner danach suchen lassen.

Schritt 3: Reduzieren Sie die Beleuchtungsintensität in Ihrem Stall. Durch Schatten oder Dunkelheit sind Hühner deutlich weniger gestresst als unter ständiger Sonneneinstrahlung.

Schritt 4: Zuletzt können Sie noch etwas Chemisches einsetzen.

Sogenanntes Soforthilfe-Spray können Sie auf die Federn Ihrer Hühner sprühen. Dieses riecht und schmeckt auch so unattraktiv, dass andere Hühner nicht mehr an diesem Huhn picken würden.

Alles in allem hat Federpicken also mit einer Mangelernährung zu tun, weswegen Sie auf ausgewogene und vitaminreiche Mahlzeiten Ihrer Hühner achten sollten.

MAUSER

Wie bei vielen Vögeln erneuert sich das Federkleid nach einer gewissen Zeit, da dieses als erster Schutz für das Huhn gilt und sich im Lauf der Zeit abnutzt. Bei Hühnern nennt man diesen Prozess Mauser, welche ohne Ihr Zutun eintreten wird. Die Mauser erkennen Sie daran, dass Ihre Hühner Federn verlieren, die alt sind und die durch sich nachschiebende Federn ersetzt werden. Dabei ist zu beachten, dass in dieser Zeit auch die Legeleistung eingeschränkt ist und nicht mehr jeden Tag Eier gelegt werden. Keine Seltenheit ist, dass Hühner in dieser Zeit das Eierlegen komplett einstellen.

Bei der Mauser gibt es im Allgemeinen zwei Arten, die man unterscheidet: Die Teilmauser ist die Zeit, in der nur ein Teil des Federkleids ersetzt wird und die Vollmauser ist die Zeit, in der das gesamte Federkleid des Huhns ersetzt wird. Bei den meisten Hühnern beginnt die Mauser im Herbst und dauert in der Regel zwischen vier bis sechs Wochen an. Da die Energiezufuhr in dieser Zeit sehr wichtig ist, sollten Sie auch in der Mauser besonders auf die Ernährung Ihrer Hühner achten.

Grundsätzlich besteht eine Feder aus vielen chemischen Stoffen, wie beispielsweise Wasser, Kalzium oder Phosphor, und setzt sich aus diesen zur Feder zusammen. Aufgrund der vielen Stoffe wird deutlich, dass diese schnell und ausreichend durch Nahrung ersetzt werden müssen. Fehlen gewisse Bestandteile im Futter Ihrer Hühner, so kann das unter anderem zu einem unregelmäßigen Federkleid führen. Füttern Sie Ihre Hühner während der Zeit des Mauserns also adäquat, was bedeutet, dass Sie entsprechende wasserlösliche Präparate oder Futterzusätze untermischen sollten. Als Mauserhilfe kann hierbei auch auf einige Nahrungsmittel zurückgegriffen werden, die im Handel erhältlich und als Mauserhilfe gekennzeichnet sind.

PARASITEN

Bei Parasiten handelt es sich um kleinste Tierchen, die sich an Ihre Hühner machen, sie stets begleiten und an deren Gesundheit kratzen. Im Allgemeinen unterscheidet man vier Arten von Parasiten bei Hühnern, die Rote Vogelmilbe, die Kalkbeinmilbe, Würmer und Federlinge. Alle unterscheiden sich in gewissen Punkten, haben aber meist dieselbe Ursache: Suboptimale Haltungsbedingungen und fehlende Stallhygiene.

Die Rote Vogelmilbe

Die Rote Vogelmilbe schadet vor allem durch ihr Saugen und dem folgenden Blutverlust, der in unmittelbarem Zusammenhang steht. Dieser Blutverlust kann bei jungen Hühnern und Küken bis zum Tode führen. Die Rote Vogelmilbe erkennen Sie besonders gut nachts und an den Beinen Ihrer Hühner. Daher sollten Sie auch bei Dunkelheit immer wieder Kontrollgänge machen, um die nachtaktive Vogelmilbe zu entlarven.

Wie beim Stallbau bereits beschrieben, können Sie den kleinen Parasiten jedoch durch einige Tricks vorbeugen. Nochmals der Tipp: Vermeiden Sie in Ihrem Hühnerstall alles, wo sich eine Milbe hin zurückziehen könnte. Konnten Sie sich doch nicht vor Milben schützen, so sollte die Bekämpfung geplant und gezielt vonstattengehen. Versuchen Sie zunächst, alle sichtbaren Nester zu entfernen und zu verbrennen. Ist dies geschehen, verfahren Sie mit chemischen Mitteln weiter. Diese sind im

Handel erhältlich, jedoch ist bei einigen das Kriterium, dass der Hühnerstall leer stehen muss, da diverse chemische Mittel auch für Ihre Hühner gefährlich werden könnten. Ein natürliches Mittel gegen die Rote Vogelmilbe stellt Kieselgur dar, welche bereits im Kapitel Hühnerstall genauer beschrieben wurde.

Die Kalkbeinmilbe

Charakteristisch für einen Befall der Kalkbeinmilbe sind graue bis Kalkfarbene und poröse Hornhautwucherungen auf der unbefiederten Haut, also an den Beinen und Füßen der Hühner. Um die Kalkbeinmilbe zu bekämpfen, sollten Sie Ihren Hühnern ein gewisses Medikament, welches Ivermectin enthält. Dies sollten Sie auf jeden Fall mit einem Tierarzt abklären, da der Wirkstoff entweder durch eine Injektion verabreicht oder auf der Haut aufgetragen wird.

Natürlich dürfen Sie auch hier nicht die gründliche Reinigung Ihres Hühnerstalls vergessen, um die Kalkmilben wieder loszubekommen. Untersucht und unter Umständen behandelt werden sollten bei dem Befall eines Huhns nicht nur dieses, sondern auch alle anderen Hühner Ihres Bestands, da die Kennzeichen nicht immer eindeutig sind.

Würmer

In den meisten Fällen werden Parasiten in Form von Würmern auftreten. Die Würmer sind in diesem Fall Haar-, Platt- oder Spulwürmer, welche über lange Zeiträume an und in Ihren Hühnern verweilen, in manchen Fällen auch ein ganzes Leben lang. Somit sind Würmer meist auch nicht so schädlich wie beispielsweise die Rote Vogelmilbe oder die Kalkbeinmilbe, jedoch alles in Maßen.

Nimmt die Population an Würmern jedoch überhand, so können auch hier gesundheitliche Gefahren entstehen. Einem übermäßigen Wurmbefall können Sie jedoch auch entsprechend vorbeugen. Dem

Druck von Würmern können Sie entgegentreten, indem Sie auf eine exzellente Reinigung des Stalls und des Auslaufs achten. Auch durch eine gesunde Ernährung werden Würmer bei Ihren Hühnern nicht überhandnehmen. Nimmt die Population von Würmern doch zu, so wird daraufhin sicher eine Leistungsminderung der Hühner folgen. Das heißt, sie legen weniger Eier, wirken abgemagert und besitzen lediglich noch ein schlechtes Federkleid. Für eine Behandlung existieren diverse Wurmkuren, bei der das entsprechende Huhn jedoch zunächst im Stall verbleiben sollte. Hat es die Kurzutaten ausgeschieden, was etwa einen bis zwei Tage dauert, kann es auch wieder in den Auslauf.

Federlinge

Ein Federling ist einer Laus sehr ähnlich und sitzt somit vor allem in den Federn des Huhns. Diese können Sie mit eigenen Augen erkennen; sie sind meistens an dunklen und warmen Stellen am Körper eines Huhns anzutreffen, also beispielsweise unter den Flügeln. Die Bekämpfung solcher Federlinge ist im Vergleich zu anderen Parasiten nicht sehr aufwendig und kann leicht vollzogen werden.

Vor allem die natürliche Bekämpfung der Federlinge ist hierbei zu empfehlen, um Ihre Hühner keinen chemischen Stoffen auszusetzen. Hierzu können Sie Laurin- oder Decansäure verwenden, welche Sie auf Ihre Hühner auftragen, entweder durch Sprühen oder durch Aufwaschen. Die chemische Variante gelingt mit herkömmlichen Antiparasitika, die künstlich hergestellt werden. Da diese meist aus Selamectin oder Phoxim bestehen, können hierbei auch Nebenwirkungen beim Huhn auftreten, weswegen stets natürliche Inhaltsstoffe bevorzugt werden sollten.

IMPFEN

Nicht nur in der Gesundheit des Menschen spielt Impfen eine wichtige Rolle, sondern auch in der Welt der Tiere. Speziell für Hühner gibt es ein paar Impfungen, die wie beim Menschen Pflicht sind und das mit Recht, denn das Ansteckungsrisiko ist bei Hühnern aufgrund fehlender Hygienekenntnisse natürlich viel höher. Dabei ist es gar nicht so unwichtig zu wissen, dass Hühner normalerweise nicht mit einer Spritze geimpft werden, sondern der Stoff in das Trinkwasser gegeben wird und Hühner somit durch ihr Trinken geimpft werden.

Impfen Sie gern oder sind Sie eher ein Impfgegner, vor allem was Tiere angeht? Bei zwei Krankheiten ist Ihre persönliche Ansicht egal, denn für diese besteht in der Europäischen Union eine vorgeschriebene Impfpflicht. Die besagten Krankheiten sind zum einen die Geflügelpest, zum anderen die bereits kurz beschriebene Newcastle-Krankheit. Gerade die Newcastle-Krankheit muss dabei ständig nachgeimpft werden, entweder alle sechs Wochen durch die entsprechende Zugabe ins Trinkwasser der Hühner oder einmal im Jahr durch einen Tierarzt. Hierfür muss jeder Hühnerhalter entsprechende Nachweise führen.

Nun stellt sich die Frage, woher Sie einen entsprechenden Impfstoff bekommen. Am besten eignet sich hier Ihr Tierarzt, denn dieser kann Ihnen nicht nur das Mittel verkaufen, sondern Sie auch bei der Verabreichung beraten. Die Kosten für den Impfstoff für die Newcastle-Krankheit betragen dabei etwa 22,00 Euro für 1000 Hühner. Zu geringeren Mengen wird ein Impfstoff meist nicht verkauft.

Ein weiterer Grund für Sie, sich in einem Kleintierzuchtverein anzumelden. Dieser besorgt für Sie den Impfstoff in großen Mengen und verkauft diesen dann in kleinen Dosen weiter, sodass Sie für Ihre kleine Hühnerherde etwa einen bis zwei Euro pro Impfung zahlen müssen. Zwar sind die Kontrollen bei kleineren Hühnerhaltern sehr unwahrscheinlich und sie fallen sehr häufig durchs Raster, dennoch ist hier eine Impfung äußerst empfehlenswert, denn bricht die Newcastle-Krankheit einmal aus, so rafft es Ihren ganzen Bestand dahin. Dabei verabreichen Sie Ihren Küken im Alter von vierzehn Tagen zum ersten Mal den Impfstoff über das Trinkwasser. Danach wird der Stoff nochmals in der siebten und in der 21. Woche in das Trinkwasser gegeben, um die sogenannte Grundimmunisierung abzuschließen. Schließlich beginnt dann alle sechs Wochen die Auffrischungsimpfung, welche ebenfalls durch Trinkwasser verabreicht wird und einen sicheren Schutz vor der tödlichen Krankheit garantiert.

Des Weiteren existieren noch zwei andere Impfungen, die keine Pflicht, aber dennoch sinnvoll sind. Zum einen ist das die Marek-Impfung, bei der es sich um eine durch Herpes ausgelöste Viruserkrankung handelt. Da die Ansteckung über die Lunge vonstattengeht, ist die Krankheit - einmal ausgebrochen - nicht mehr zu bekämpfen. Geimpft wird bei dieser Krankheit nicht durch das Trinkwasser, sondern durch eine Injektion am Tag des Schlüpfens und somit nur einmal.

Zum anderen existiert noch die Kokzidiose-Impfung, die sinnvoll für Ihren Hühnerbestand sein könnte. Diese Krankheit ist nicht zwingend tödlich und erkrankte Tiere sind danach auch immun gegen diese Krankheit, nicht jedoch die Jungtiere. Durch diese Impfung können Sie Ihre Hühner vor schleimigem und blutigem Durchfall schützen. Auch hier wird die Impfung über das Trinkwasser verabreicht.

Zusammengefasst sollten Sie beim Impfen auf ein paar wichtige Dinge achten, um Ihren Hühnern wirklich den gewünschten Schutz gewährleisten zu können. Zunächst einmal sollten Sie immer nur gesunde Hühner impfen, was sich ähnlich zum Impfen beim Menschen verhält. Impfen Sie kränkelnde Hühner, so sind diese sowieso schon geschwächt und vertragen folglich eine Impfung nicht sehr gut. Achten Sie weiter darauf, dass Sie Ihren Impfstoff, wenn Sie ihn ein paar Tage zu Hause aufbewahren müssen, dunkel und kühl lagern.

Bei der Verabreichung des Impfstoffes ist es wichtig, dass Sie den Stoff über ein sauberes Gefäß und mit einer ausreichenden Menge Wasser in die Tränke gießen, um möglichen Verunreinigungen aus dem Weg zu gehen. Um auch sicherzugehen, dass Ihre Hühner den Impfstoff auch sicher über die Tränke aufnehmen, gibt es einen kleinen Trick. Belassen Sie die Hühner vor der Impfung etwa zwei Stunden ohne die Tränke, um sie so richtig durstig zu machen. Dann stellen Sie die Tränken mit Wasser und dem Impfserum wieder in den Stall oder in den Auslauf und Ihre Hühner werden mit Sicherheit alles austrinken. Um das Immunsystem Ihrer Hühner zu unterstützen, können Sie in den Tagen nach der Impfung einen kleinen Vitaminüberschuss ins Fressen oder in die Tränke geben.

LEGEPROBLEME

Bei einigen Hühnern können im Laufe ihres Lebens immer wieder oder einmalig Legeprobleme auftreten, was bedeutet, dass ein Huhn in dieser Zeit die Eierproduktion herunterfährt oder ganz einstellt. Einige Gründe hierfür sind Ihnen bereits bekannt und so kann dieses Phänomen an gesundheitlichen Problemen liegen, am Alter oder auch an der Jahreszeit. Auch die Zeit der Mauser oder ein mangelhaftes Angebot an Nahrung können Gründe für weniger Frühstückseier sein.

Ein gesundheitliches Problem ist in diesem Bereich die Legenot, bei der das Huhn zwar gern Eier legen würde, es aber auch unter höchster Anstrengung nicht schafft. Dann verbleibt das Ei in der Kloake oder im Legedarm, was sich als enormes Problem darstellt und unbedingt behoben werden muss, da das Huhn ansonsten stirbt.

Erkennen können Sie als Hühnerhalter das Problem, wenn Sie Ihre Hühner immer wieder beobachten. Nimmt ein Huhn eine typische

Pinguinhaltung ein und können Sie daraufhin im Unterleib des Huhns ein Ei spüren, so sind dies sichere Anzeichen der Legenot. Dann ist es ratsam, einen Tierarzt hinzuzuziehen und diesen das Huhn behandeln zu lassen. Die meiste Ursache der Legenot ist ein zu frühes Legen von Eiern. Da die Eier bereits im Körper ihre letztendliche Größe annehmen, sollte auch der Körper der Henne bereits ausgewachsen sein. Ist eine Henne noch kleiner, so sind auch der Legedarm und die Kloake noch nicht voll ausgewachsen und das Ei bleibt stecken.

Des Weiteren existieren noch einige Gründe mehr, warum Ihre Hennen weniger Eier legen. Hier spielt auch das Alter eine Rolle, da eine Henne bereits nach dem zweiten Legejahr die Eierproduktion zurückfährt und meist nach vier Jahren gar kein Ei mehr legt. Hiergegen sind Sie als Halter auch machtlos.

Natürlich kommt es auch auf die Ernährung und den jeweiligen Monat an. So besteht sicher ein Zusammenhang zwischen einer guten Legeleistung und einer adäquaten und vitaminreichen Ernährung. Ebenfalls ein Zusammenhang besteht zwischen der geringen Legeleistung im Winter und der geringen Vitamin-B-12-Zufuhr durch die fehlenden hellen Stunden und die Kälte.

Einkaufsratgeber

Nun geht es an den Einkauf einiger Produkte, die Sie beim Hühnerhalten sehr gut gebrauchen können. Mit diesem Kapitel soll Ihnen ein kleiner Überblick geschaffen werden, welche Utensilien Sie eventuell benötigen können und welche Vorteile das eine oder andere bietet.

BRUT UND SCHLUPF

Flächenbrüter

Ein Flächenbrüter wird nur in der Kunstbrut benötigt, das bedeutet, dass Sie keine Glucke zur Verfügung haben oder das Ausbrüten von Küken einfach in eigenen Händen halten wollen. Der Name „Flächenbrüter" gibt ebenfalls einigen Aufschluss darüber, wie das Gerät funktioniert. Dabei werden die Eier auf einer Fläche, die sich Horde nennt, ausgebrütet.

Über Heizdrähte wird die Horde dann erwärmt und stellt im Inneren des Flächenbrüters, der mit einer Kunststoffkuppel bedeckt wird, die ausreichende Wärme her. Die Eier müssen von Ihnen nur noch regelmäßig gewendet werden. Dies dient zum Schutz des Embryos, da dieser bei ständigem Stillstand an der Schale des Eis festkleben könnte.

Ein Flächenbrüter ist in der Anschaffung äußerst günstig, der Preis kann hier unter fünfzig Euro liegen und dennoch ist die Schlupfrate sehr hoch. Den Vorteilen entgegensteht, dass der Zeitaufwand bei einem Flächenbrüter sehr hoch ist. Die bereits beschriebene Dringlichkeit des viertel-täglichen Wendens wurde bereits beschrieben. Zusätzlich müssen Sie mehrmals am Tag überprüfen, ob die Temperatur und die Luftfeuchtigkeit im Innern Ihres Flächenbrüters noch auf dem gewünschten Maß sind. Die Steuerung der korrekten Temperatur kann dabei sogar digital erfolgen, was bedeutet, dass Sie den Temperaturprozess einmal einstellen und sich diese dann zum richtigen Zeitpunkt automatisch verändert. Ist Ihnen die digitale Temperatureinstellung ein wenig suspekt, so ist es dennoch möglich, einen Flächenbrüter mit analoger Temperatursteuerung zu erwerben. Bei der Feuchtigkeit müssen Sie immer Hand anlegen. Dafür sind am Boden des Flächenbrüters Schalen angebracht, die mit Wasser befüllt werden müssen; damit der Füllstand auch immer über dem Soll bleibt, sollten Sie das jeweilige Wasserbehältnis täglich kontrollieren und gegebenenfalls nachfüllen.

Kunstglucke

Sind die Küken mittels eines Flächenbrüters dann endlich geschlüpft, so kommt als Nächstes die sogenannte Kunstglucke zum Einsatz. Diese ersetzt – wie es der Name schon sagt – die Glucke und gibt den frisch geschlüpften Küken die nötigen Rahmenbedingungen, um zu wachsen. Um Ihren Küken das Gefühl der Wärme und der Fürsorge zu geben, sollten Sie sich auf jeden Fall eine solche Kunstglucke anschaffen.

Beim Kauf ist dennoch auf ein paar Dinge zu achten. Beispielsweise sollten Sie sich der Anzahl Ihrer Küken bewusst sein und diese auf die Größe der Kunstglucke abstimmen. Eine Kunstglucke ist meist rund, weswegen Sie mit dem Richtwert mit einem Zentimeter Durchmesser für ein Küken rechnen können.

Haben Sie also zwanzig kleine Küken, so sollte Ihre Kunstglucke einen Durchmesser von mindestens zwanzig Zentimetern haben. Ein weiterer Punkt ist der Komfort in der Kunstglucke. Da diese meist nur aus Kunststoff besteht, wirkt sie nicht gerade sehr gemütlich für Ihre Küken. Das können Sie ändern, indem Sie ein wenig Nistmaterial auf die Bodenplatte geben und die Küken so auch mehr Halt haben als auf dem glatten Kunststoffboden. Keine Angst, anfangen zu brennen kann das Nistmaterial bei diesen Temperaturen noch lange nicht. Um die richtige Temperatur einzustellen, sollten Sie die Küken einfach beobachten. Tummeln sie sich alle auf einem Fleck, so ist die Temperatur zu kalt eingestellt, halten sich die Küken an den Schlupflöchern auf, so ist es zu warm.

Da das künstliche Ausbrüten und Aufziehen komplett in Ihrer Hand liegt und nicht von natürlichen Umständen abhängig ist, haben Sie dabei auch eine höhere Garantie für gesunde Küken. Ob Sie diesen Prozess der Natur überlassen oder selbst ein Teil des Prozesses werden wollen, bleibt dabei ganz Ihnen überlassen.

KÜKENAUFZUCHT

Eine weitreichendere Alternative zu einer Kunstglucke ist ein sogenanntes Kükenheim, in das die frisch geschlüpften Küken aufgezogen werden. Hier kann es durch eine wohltemperierte Heizung sicher großgezogen werden und als weiterer Vorteil ist zu benennen, dass sich ein solches Kükenheim sehr einfach reinigen lässt. Da dieses Heim eine Alternative zur Kunstglucke ist, ist es natürlich auch eine Alternative zur Glucke, die Sie dann nicht benötigen. Doch wie ist ein solches Kükenheim aufgebaut und wie ist es gestaltet?

Hier sind keine Grenzen gesetzt, diese Heime sind komplett käuflich zu erwerben, eine Variante in einem Schuhkarton ist jedoch auch denkbar. Wichtig bei jeder Variante ist, dass sie trocken, leicht zu reinigen und vor Zugluft geschützt ist. Sind Sie technisch eher weniger versiert, empfiehlt sich in diesem Falle definitiv ein gekauftes Kükenheim.

Der Vorteil dabei ist, dass Sie weder bei der Größe noch beim Material Fehler machen können. Kükenheime aus dem Handel haben meist einen hygienischen Untergrund, der noch dazu leicht zu reinigen ist. Worum Sie sich auch nicht kümmern müssen, ist eine gute Wärmequelle, die über ein Thermometer steuerbar ist. Zusätzlich sind fast immer Futtertrog und Wasserspender für Ihre Küken verfügbar. Beachten sollten Sie bei den meisten Modellen, dass diese nur für innen geeignet sind und eher nicht in den Garten gestellt werden sollten. Dies ist aber definitiv bei jedem Exemplar nochmals extra gekennzeichnet. Die Kosten bei einem solchen Kükenheim können je nach Größe variieren und so gibt es kleinere Kükenheime bereits ab 150,00 Euro, große Kükenheime für über fünfzig Küken können hingegen schon 500,00 Euro kosten.

Die Größe des Kükenheims sollten Sie – wie erwähnt – von der Anzahl Ihrer Küken abhängig machen, aber auch von der Art. Besitzen Sie beispielsweise Zwerghühner, so sind auch die Küken kleiner und der Platzbedarf kann entsprechend angepasst werden. Außerdem verbringen die Hühner meist die ersten sechs bis acht Wochen in Ihrem Kükenheim, natürlich mit etwas Auslauf. Dennoch sollten Sie dabei beachten, dass die Hühner in diesem Zeitraum enorm an Größe und Masse gewinnen. Nach acht Wochen können Sie Ihr Kükenheim dann beiseite schaffen und die jungen Hühner zu den alten lassen.

Zusammengefasst stellt das Kükenheim also eine optimale künstliche Aufzucht Ihrer Küken dar, welche sicherlich einen hohen finanziellen Aufwand nach sich zieht, jedoch in der Qualität seinesgleichen sucht.

HALTUNG

Auch im Bereich der Haltung gibt es einige Dinge, die Sie käuflich erwerben können und die Sie dann entlasten. Vor allem in der heutigen Zeit, in der die Technik immer weiter voranschreitet, ist es mit Leichtigkeit möglich, sich von diversen technischen Erfindungen unter die Arme greifen zu lassen. Doch auch schon länger existierende Utensilien können Sie in Ihrer täglichen Arbeit als Hühnerhalter unterstützen.

Automatische Hühnerklappe

Wie es der Name schon sagt, funktioniert die automatische

Hühnerklappe nicht manuell, sondern so, wie Sie sie vorher eingestellt haben und das dann ganz von allein – automatisch. Sie können hier beispielsweise Uhrzeiten einstellen, an denen die Hühnerklappe morgens aufgehen und sich am Abend wieder verriegeln soll. Dabei ist es ein grundsätzlicher Vorteil, dass Hühner sehr schnell lernen und sich an Gegebenheiten anpassen, was bedeutet, dass sie sich auch an Ihren Alltag – wie er auch sein mag – gut anpassen können. Unterstützen Sie dies noch mit einer automatischen Genauigkeit, werden Sie Ihre lieben.

Gerade im Winter birgt dies extra Vorteile, da die automatische Hühnerklappe den Start in den Tag für die Hühner bedeutet, dies jedoch erst bei Helligkeit, wenn Sie eventuell schon auf der Arbeit sind. Zu beachten ist bei automatischen Hühnerklappen, dass diese gewisse Bestandteile haben. Dazu gehören in der Regel eine Stromquelle, ein Motor und ein spezieller Schieber, der die Klappe automatisch öffnet und verschließt. Moderne Geräte haben sogar einen sogenannten Dämmerungsschalter, der die Hühnerklappe unabhängig von der Uhrzeit schließt, sondern erst dann, wenn die Dämmerung einsetzt. Auch ein Sensor für Gewitterblitze oder andere Sicherheitsvariationen sind möglich. Welche Variante und welche Ausführung für Sie interessant ist, können natürlich nur Sie selbst einschätzen und meist sind es auch genau die Arbeiten, die ein Automatismus übernimmt, die Sie jedoch benötigen, um ein glückliches Gefühl in sich zu haben.

Je nach Ausführung und zusätzlicher Ausstattung ist natürlich immer auch ein Preisunterschied festzustellen.

Legenest

Im Gegensatz zur automatischen Hühnerklappe ist das Legenest etwas, was sich in den letzten Jahrzehnten nicht automatisiert hat und es wird wohl immer so bleiben. Ein Legenest stellt eine eher bauliche Erleichterung für Sie und Ihre Hühnerhaltung dar. Mittlerweile sind Legenester keine Option mehr für das Gehege, sondern ein absolutes Muss, denn so können sich Ihre Hennen zum Legen ihrer Eier an einen Ort gewöhnen und weiterhin ist eine gewisse Hygiene geboten, da Sie als Halter das Legenest besonders gründlich reinigen. Ein weiterer Vorteil für Sie ist, dass Sie die Eier nicht im gesamten Hühnergehege suchen müssen.

Aufgrund dessen, dass ein Legenest so gut wie jeder Hühnerhalter bei sich im Gehege hat, ist die Auswahl in den Fachhandlungen enorm gestiegen. Hier gibt es alles, was Sie sich vorstellen können, verschiedene Materialien, verschiedene Ausstattungen und verschiedene Möglichkeiten der Anordnung. Lassen Sie sich als Anfänger hiervon nicht überwältigen, denn im Prinzip taugt auch ein einfaches Legenest. Entscheidend sind eher die Fragen nach der Anzahl und dem Inhalt Ihrer Legenester. Hierbei können Sie für etwa fünf Hennen ein Legenest anschaffen, was analog bei mehreren Hennen gilt.

Beim Inhalt der Legenester wird es da schon etwas komplizierter, denn hier existiert eine viel größere Auswahl. Beispielsweise ist dabei eine Kokosmatte eine Option zur Polsterung des Legenests. Auch sind Kunststoffmatten nicht selten und beide dienen als Warmhaltefunktion. Diese Matten halten zwar am besten warm, jedoch ist der preisliche Aufwand auch ein höherer und auch die Matten müssen mehrmals im Jahr ausgetauscht werden. Die günstigere Alternative ist eine Art Streumaterial oder gehäckseltes Stroh, welches Sie in Ihr Legenest geben können. Zwar müssen Sie dieses auch regelmäßig austauschen, jedoch ist dieses Material in der Anschaffung deutlich günstiger.

Darüber hinaus existieren noch verschiedene Unterarten von Legenestern wie beispielsweise das Einzelnest, das Fallnest, Gruppennest oder das Abrollnest. Hier sind die Unterschiede marginal und vor allem im Bereich der Eientnahme. Als Anfänger sollten Sie sich zunächst auf ein normales Gruppenlegenest beschränken, dass von jeder Henne benutzt werden kann. In der Regel genügt das Ihren Hühnern.

ERNÄHRUNG

Futterautomat

Und wieder ein Automat. Diesmal geht es jedoch nicht um eine Hühnerklappe, sondern um etwas viel Kostbareres für Ihre Hühner, das Futter. Je nach Art sind in einem solchen Futterautomaten mehrere Futterrationen enthalten und reichen entsprechend für einen oder sogar mehrere Tage.

Erst, wenn Ihre Hühner das zugängliche Futter vollends aufgefressen haben, kommt neues Futter aus dem Automaten, welches zuvor durch einen Deckel noch frisch und sauber gehalten wurde. Daher ist eine solche Anschaffung auf jeden Fall zu empfehlen. Natürlich gibt es auch im Bereich der Futterautomaten günstige und teurere Produkte. Somit haben Sie die Wahl und können diese noch davon beeinflussen lassen, wo Ihr Futterautomat stehen soll. Gerade in dieser Frage gehen die Meinungen auseinander, den Hühnern ist es allerdings egal, wo der Futterautomat steht, sie müssen nur an ihn herankommen.

Des Weiteren existieren sogenannte vollautomatische Futterautomaten, bei denen Sie über eine Zeitschaltuhr die Futtermengen in den Trog geben lassen können. Dies erspart Ihnen als Hühnerhalter enorm viel Arbeit, hat jedoch noch einen anderen Vorteil. Durch die präzise Futtereingabe sinkt die Wahrscheinlichkeit, dass Nagetiere oder ähnliche Mitesser Ihren Hühnern das Fressen wegnehmen. Hühner stellen sich auf diese gewissen Zeiten ein, Nagetiere können das nicht. Somit ist die Wahrscheinlichkeit des Wegfressens geringer, wenn nur einige Stunden am Tag Futter zur Verfügung steht und nicht den ganzen langen Tag.

Das Material ist bei jeglichen Futterautomaten nicht das entscheidende Kriterium, dennoch bestehen diese aus verschiedenen wie beispielsweise Metall, Kunststoff oder Holz. Holz ist dabei das natürlichste Material und wird von Hühnern sehr geliebt. Metall oder Kunststoff sind hingegen etwas robuster und vor allem Kunststoff um Längen hygienischer. Sie sollten Ihre Futterautomaten also nach Ihrem möglichen zeitlichen Aufwand aussuchen, den Sie für eine Pflege aufbringen können. Alle diese Dinge sollten Sie genau überdenken und berücksichtigen.

Futtertrog

Ein Futtertrog steht nicht in Konkurrenz mit einem Futterautomaten, vielmehr ergänzt er diesen. Dieser Futtertrog stellt also das Behältnis dar, welches für zusätzliches Futter, wie beispielsweise Vitamine, benutzt werden kann. Wie bereits beschrieben, verabreichen Sie Ihren Hühnern die Vitamine über Mehlwürmer oder zusätzliche Gemüse- oder Obstzugaben. Da Ihre Hühner diese Vitamine nicht vom Boden essen würden, sollten Sie sich in jedem Fall auch einen Futtertrog anschaffen.

Die Auswahl bei den Futtertrögen ist groß und so gibt es beispielsweise einen Futtertrog mit Gitter, Futtertröge aus Metall, aus Kunststoff, aus Holz, aus Stein oder auch aus Gummi. Am geeignetsten ist hierbei ein Futtertrog mit einem Gitter, da somit jedes Huhn einen eigenen Platz hat und kein wildes Gepicke losgeht und damit auch keine Kämpfe. Auch bei der Größe sollten Sie so verfahren, dass Ihr Trog mehr Hühnern Platz bieten könnte, als Sie besitzen. Somit gehen Sie Kämpfen um zusätzliches Futter gut aus dem Weg. Das Material des Trogs spielt dabei keine besonders wichtige Rolle. Natürlicher ist hier auch wieder das Holz, hygienischer jedoch Kunststoff oder Metall. Kunststoff hat zusätzlich den Vorteil, dass es etwas leichter ist und somit auch leichter eingesetzt und herausgenommen werden kann. Zu Futtertrögen aus Stein lässt sich sagen, dass diese sicher die langlebigste Variante darstellen. Dafür ist diese sehr preisintensiv.

Welche Vorlieben und Ansprüche Sie persönlich haben, bleibt Ihnen überlassen, falsch können Sie mit Futtertrögen aus dem Handel meist nichts machen.

Sonstiges

BASTELTIPPS

Durch Ihre Hühner haben Sie nicht nur immer frische Frühstückseier oder einen wunderbaren Blickfang im Garten. Neben dem beliebten Hobby können Sie zusätzlich auch noch als Bastler aktiv werden und das vor allem durch die Federn Ihrer Hühner. Natürlich reißen Sie ihnen diese nicht heraus, sondern sammeln Sie während der Mauser. Neben den kaputten und dreckigen Federn können auch immer wieder schöne Hühnerfedern dabei sein, mit denen Sie so einiges anstellen können. Wollen Sie Ihre Hühner auch schlachten, so haben Sie vor allem hier die Gelegenheit, viele gute und wunderschöne Federn zu behalten.

Um Ihnen in Sachen Kreativität etwas auf die Sprünge zu helfen, werden Ihnen im Folgenden drei Ideen präsentiert, wie Sie die Federn Ihrer Hühner bastlerisch einsetzen können:

1. Der Traumfänger

Nicht nur als Dekoration eignet sich ein Traumfänger, sondern – wenn Sie abergläubisch sind – auch als Jäger böser Träume. Für einen Traumfänger benötigen Sie neben den Hühnerfedern und Daunen auch Schnur und Wolle, Holzperlen, eine Schere, etwas Flüssigkleber, einen Metallring und eine Stopfnadel, durch deren Öhr die Schnur passt. Zuerst fädeln Sie die Schnur durch eine Holzperle und ziehen die Schnur so weit durch, dass Sie noch eine Schlaufe legen können, an der Sie den Traumfänger dann aufhängen können. Fädeln Sie das Schnurende dann wieder durch die Holzperle und machen Sie oberhalb der Perle einen Knoten, um diese zu fixieren. Die Schnur wickeln Sie dann dicht um den Drahtring. Um das Netz zu gestalten, spannen Sie die Schnur quer über den

Ring und wickeln Sie diese dann zweimal um den Ring, um sie zu befestigen. Dies wiederholen Sie, bis Sie Ihr gewünschtes Netz erhalten. Knoten Sie die Schnur am Ende fest und lassen Sie den Faden einfach herunterhängen oder schneiden Sie ihn ab. Am Ring selbst können Sie nun noch weitere Fäden befestigen, die Sie mit Holzperlen, aber natürlich auch mit Ihren Hühnerfedern und Daunen schmücken können. Um die Feder etwas sicherer zu fixieren, können Sie zusätzlich ein wenig Flüssigkleber verwenden.

2. Kopfschmuck für den Häuptling

Wollen Sie oder eines Ihrer Familienmitglieder sich an Fasching als Indianerhäuptling verkleiden, so eignen sich die Federn Ihrer Hühner ideal als Kopfschmuck. Dazu benötigen Sie neben den Federn etwa 8 Zentimeter breite Stoffstreifen, etwa drei Zentimeter breite Wellpappe, ein Gummiband, eine Schere, Flüssigkleber, Büroklammern, eine Nähnadel und Nähgarn.

Die Längenangaben variieren mit der Größe des jeweiligen Kopfumfangs. Zu Beginn legen Sie die Kiele, also die spitzen Endstücke der Federn, in die Wellen der Wellpappe. Hier können Sie diese dann mit dem Flüssigkleber festkleben. Danach falten Sie einen Stoffstreifen in der Mitte und schieben Sie hier die Wellpappe mit den Federn hinein. Die durch den Stoffstreifen entstandene Tasche sollte etwa vier Zentimeter tief sein. Die Wellpappe können Sie dann vorerst mit Büroklammern am Stoff befestigen und dann das Stoffband mit Nadel und Faden oben zusammennähen. An den jeweiligen Enden nähen Sie dann noch das Gummiband an, um den Federschmuck flexibel zu gestalten.

3. Wanddekoration

Sind Sie eher kein Typ für Aberglaube, so können Sie mit Ihren Federn dennoch zierliche und sehenswerte Wanddekorationen basteln. Dazu benötigen Sie neben Ihren Hühnerfedern einen Holzstab oder einen Ast, Holzperlen, eine Schnur, Flüssigkleber und eine Schere. Zu Beginn legen Sie den Holzstab oder den Ast vor sich hin. Dann nehmen Sie die Schnur und schneiden verschiedene Längen ab, wie Sie sie wollen. Die Schnüre werden dann durch einen festen Knoten am Ast befestigt und können dann geschmückt werden. Dieser Schmuck können beispielsweise Holzperlen sein, die Sie einknoten, und natürlich Ihre Federn, welche Sie mit dem Kiel durch eine Perle, die an der Schnur hängt, schieben. Um die Feder dort besser fixieren zu können, sollten Sie hier etwas Flüssigkleber benutzen. Bei der Bestückung der Schnüre sind Ihnen keine Grenzen gesetzt. Am Ende befestigen Sie eine Schnur an beiden Astenden, um Ihre Wanddekoration an einem geeigneten Platz aufzuhängen.

HÜHNEREIER

Schauen Sie sich nach und nach die Eier Ihrer Hühner an, so wird Ihnen auffallen, dass es weiße, braune und sogar grüne Hühnereier gibt. Doch wie genau kommt die Farbe eigentlich zustande? Eine alte Regel besagt, dass weiße Hühner weiße Eier legen und braune Hühner braune Eier. Diese Regel ist ein völliger Nonsens. Elementar für die Farbe der Hühnereier sind die Gene. Die Farbe kommt dann im Legedarm zustande, indem die sogenannte Schalendrüse ihre Arbeit verrichtet. Durch diese Schalendrüse werden Abbauprodukte aus Blut, Galle und Leber abgesondert und so entsteht eine Farbe. Besitzt ein Huhn kein Gen für eine Farbbildung, so werden die Eier weiß, ansonsten grün oder braun.

Grundsätzlich gibt es keine wirklichen Unterschiede zwischen den verschiedenen Eierfarben, dennoch sagt man, dass grüne Eier gesünder wären, da diese cholesterinärmer wären als weiße und braune Eier. Wissenschaftlich bewiesen ist das jedoch nicht und so können Sie davon ausgehen, dass die Farbe der Eierschale wirklich keine Auswirkung auf den

Inhalt hat. Ebenso nicht von der Eierfarbe abhängig ist die Lagerung. Grundsätzlich sind Hühnereier von Natur aus gut geschützt, da sie eine robuste Schale besitzen. Wie Sie Ihre Bruteier lagern sollten, wurde Ihnen bereits in einem vorherigen Kapitel beschrieben, wie lagern Sie jedoch Hühnereier für den Verzehr und worauf sollten Sie dabei achten? Auch, wenn Sie sich bisher weniger mit Hühnern und ihren Eiern beschäftigt haben, sind Sie sicher schon mit einer berüchtigten Frage in Kontakt gekommen: Lagert man Eier im Kühlschrank oder genügt ein ungekühlter Lagerraum? Die Antwort darauf ist, dass beides richtig ist und Sie nichts wirklich falsch machen können. In den ersten drei Wochen, nachdem die Eier gelegt wurden, können Sie diese in jedem Fall ungekühlt lagern. Erst danach empfiehlt sich dann eine Lagerung in einem kühleren Raum, idealerweise in einem Kühlschrank.

Auch beim Kochen von Hühnereiern gibt es immer wieder verschiedene Meinungen und am Ende ist es definitiv eine individuelle Frage. Wie lange Sie Ihre Eier kochen, hängt davon ab, wie Sie diese verspeisen möchten, weich oder hart. Wichtig dabei ist nur, dass das Ei nicht über 90° Celsius gekocht wird und Sie dieses nach dem Kochen mit kaltem Wasser abschrecken.

Haben Sie manche Eier länger gelagert, so eignet sich ein spezieller Frischetest. Wollen Sie Ihr Ei sowieso nicht kochen, sondern braten, dann hilft es, das Eiklar des aufgeschlagenen Eis zu inspizieren. Ist dieses noch dickflüssig, so ist es auch noch frisch. Je dickflüssiger das Eiklar, desto frischer also das Ei. Ebenso sollte auch das Eigelb gewölbt sein, je gewölbter dieses ist, desto frischer ist es. Befindet sich das Eidotter in Ihrem Ei am Rand des Eiklars, so ist dies ein Zeichen dafür, dass das Ei nicht mehr das frischeste ist. Eine hundertprozentige Sicherheit gibt es jedoch nie. Möchten Sie Ihr Ei jedoch kochen und können somit weder Eiklar noch Eigelb inspizieren, so eignet sich ein spezieller Schwimmtest. Hier legen Sie das jeweilige Ei in eine Schale, die Sie vorher mit

Wasser befüllt haben. Bleibt das Ei in der Schale flach am Boden liegen, so ist es frisch, steht es praktisch im Wasser so ist es nicht mehr genießbar. Grundsätzlich gilt also die Regel, je mehr sich das Ei aufrichtet, desto älter ist es auch.

GESETZE

Nicht gleich erschrecken: Zwar gibt es diverse Regelungen und Gesetze, an die Sie sich als Hühnerhalter halten und die Sie befolgen müssen, im Vergleich zu anderen Tieren sind diese allerdings sehr übersichtlich. In diesem Kapitel erhalten Sie einen Einblick in die wichtigsten Gesetze und Rechte, mit denen Sie als Hühnerhalter in Kontakt kommen könnten. Der erste Punkt, der für Sie wichtig sein könnte, ist die Haltung Ihrer Hühner in Wohngebieten, also theoretisch auch in der Stadt. Hühner gelten grundsätzlich als sogenannte Kleintiere und dürfen deshalb auch in Wohngebieten gehalten werden, ohne dass Sie dafür eine spezielle Zulassung eines Amtes benötigen. Auf eine Kleinigkeit ist hierbei dennoch zu achten: Das Gebot der Rücksichtnahme spielt hier eine wichtige Rolle, denn grobe Einschränkungen dürfen Nachbarn und weitere Anwohner durch Ihre Hühner und deren Haltung natürlich nicht haben, Ihr Hobby sollte sich also auf den privaten Rahmen beschränken.

Neben der Rücksicht auf Ihre Nachbarschaft gibt es einige weitere Gesetzesstellen, die Sie als Hühnerhalter beachten sollten. Jedes Huhn, welches Sie bei sich im Garten oder auf einem Grundstück fern jeglicher Zivilisation halten, muss von Ihnen angemeldet werden. Die müssen Sie beim Veterinäramt vornehmen, welches für Ihren Bereich zuständig ist. Dort werden Ihre Tiere auch der Tierseuchenkasse gemeldet, was möglicherweise Geld in Anspruch nehmen kann, was allerdings im gesamten Rahmen vernachlässigt werden kann, die Kosten hier sind wirklich – wenn überhaupt – sehr gering. Wie bereits beschrieben, gibt es in

Europa eine Impfpflicht für die Newcastle-Krankheit. Dennoch besteht immer wieder die Möglichkeit, dass sich Ihre Hühner mit tödlichen Viren infizieren. Sollten bei Ihnen innerhalb von einem Tag mindestens drei Hühner sterben, so müssen Sie so schnell es geht einen Tierarzt hinzuziehen, der Ihre Hühner dann auf die Vogelgrippe prüft. Die Rechnung mit den drei Hühnern an einem Tag ist immer auf einen Grundbestand von 100 Hühnern zu sehen und anteilig herunterzurechnen. Daher werden Sie als Hobbyhühnerhalter von einer solchen Gefahr eher ausgeschlossen bleiben.

Ein weiteres Gesetz, mit dem Sie sich auseinandersetzen sollten, ist das Tierschutzgesetz, in dem es vor allem um eine gesunde und artgerechte Haltung Ihrer Kleintiere geht. Grundsätzlich wird Sie in den seltensten Fällen ein Amt kontrollieren, dennoch sollte es mindestens in Ihrem eigenen Interesse sein, Ihren Hühnern ein glückliches Leben zu geben, so gut es irgend möglich ist. Um sicherzugehen, stehen die tierschutzrechtlichen Mindeststandards in der sogenannten Tierschutznutztierhaltungsverordnung. Dennoch sollten Sie versuchen, das Leben Ihrer Hühner besser zu gestalten als in dieser Verordnung, da diese auch für einen industriellen Mastbetrieb zählt und die Zustände in diesen sind den meisten Menschen aus den Medien bekannt.

Besitzen Sie zusätzlich zu Ihren Hennen auch noch einen Hahn, so werden sich wohl oder übel ein paar Nachbarn beschweren, halten Sie Ihre Hühner in einem Wohngebiet. Hier gibt es keine direkten gesetzlichen Vorgaben. Es empfiehlt sich in einem solchen Fall jedoch, dass Sie bereits vor der Anschaffung mit Ihren Nachbarn ins Gespräch kommen und diese vor allem mit immer wieder frischen Eiern sozusagen entschädigen. Lassen sich Ihre Nachbarn jedoch nicht beschwichtigen, so könnte es in einem Rechtsstreit enden, in der es keine klare Urteilslinie gibt. Hierbei ist zu sagen, dass ein krähender Hahn in ländlichen Gebieten eher toleriert wird als in bebauten Stadt- oder Ortsgebieten. Sie sehen also, der rechtliche Krimskrams hält sich bei Hühnern deutlich in Grenzen und Sie können sich die meiste Zeit an Ihrem Hobby erfreuen. Dafür sollte es schließlich auch da sein.

Fazit

Was bleibt also? Ein schöner Garten mit lebhaften Tieren und leckeren Frühstücksbeilagen. Egal, aus welchem Grund Sie gewillt sind, Hühner zu halten, nun sind Sie bestens auf Ihr neues Hobby vorbereitet.

Sie tun mit diesem Hobby nicht nur sich selbst und Ihrer Familie oder Ihren Nachbarn einen Gefallen, sondern auch der wandelnden Gesellschaft. Mit Ihrer Hühnerhaltung geben Sie ein Beispiel für artgerechte Tierhaltung und wir meinen damit nicht die, die gesetzlich vorgeschrieben sind, sondern die Tierhaltung, die Hühner wirklich glücklich macht und ihnen ein lebenswertes Leben ermöglicht. Auch zu dieser Entwicklung, die für ein nachhaltiges und gesundes Prinzip steht, tragen Sie mit Ihrem neuen Hobby bei.

Darüber hinaus fungieren Sie nun als Vorbild, denn auch nachfolgende Generationen sollen sehen, wie leicht und wie nachhaltig es sein kann, ein Frühstücksei auf den Tisch zu bekommen. Sie sind mit Ihrem Hobby nicht mehr der Typ Mensch, der ein billiges Ei im Supermarkt kauft, welches zuvor noch viele Kilometer mit dem Lastwagen zurückgelegt hat. Sie bekommen Ihre Eier direkt von Ihrem Huhn, direkt aus Ihrem Garten. Und vor allem können Sie, wenn Sie wollen, das Wunder der Natur hautnah miterleben, indem Sie Ihre Hennen zu Glucken machen, die sich dann wiederum so zuverlässig und lieb um ihre Küken kümmern und diese mit dem Tod verteidigen würden. Das zu sehen, kann Menschen besonders nachhaltig beeindrucken.

Egal, ob es nun um den Kauf Ihrer Hühner geht, um die Gestaltung des Auslaufs oder den Aufbau des Stalls, Sie sind bestens vorbereitet. Auch wissen Sie nun das Wichtigste über etwaige Krankheiten, die Ihre Hühner befallen könnten, und wie Sie dann handeln sollten.

Nehmen Sie sich die Tipps und Ratschläge zu Herzen und gestalten Sie in Ihrem Sinne einen schönen Garten mit lebhaften Tieren, die Ihnen viel Freude bereiten werden.

Literaturverzeichnis

- https://www.huehner-haltung.de/

- Andrew Lawler: Why did the Chicken cross the World. Kapitel: The Cornelia Beard. eBook-Position 717

- Reiner Stadler: Die Überflieger. In: Süddeutsche Zeitung Magazin. Nr. 47, 26. November 2010, S. 14 ff.

- https://www.deine-tierwelt.de/magazin/die-zehn-beliebtesten-huehnerrassen/

- https://www.huehner-hof.com/rassen/kleine-huehnerrassen-zwerg-huehner-halten/

- https://www.fredsbauanleitungen.de/huehnerstall-selber-bauen/#Schritt_5_Huehnerstall_selber_bauen

- https://www.huehner-hof.com/futter/futterzubehoer/gefluegeltra-enke/huehnertraenke-selber-bauen/

- https://www.advocard.de/streitlotse/mieten-und-wohnen/hausord-nung/huehnerhaltung-was-ist-rechtlich-zu-beachten/

- https://selbermachen.de/garten/huehnerstall-selber-bauen

- https://www.gefluegel-aus-brandenburg.de/gefluegelkrankhei-ten.html

- https://deavita.com/bastelideen/federn-basteln-basteltipps-diy-pro-jekte.html

- https://wohnglueck.de/artikel/huehner-halten-im-garten-tipps-in-fos-14477

- https://gartenhuehner.de/huehnerrassen/

- https://lilleluett.de/2018/11/huehner-halten-im-garten-legenest-bauen-anleitung.html

Wir danken Ihnen für Ihr Interesse und Ihr Vertrauen. Als Dankeschön dafür, haben wir eine besondere Überraschung. Wir haben exklusiv für Sie **100 witzige Fakten über Hühner.** Diese erhalten Sie vollkommen kostenlos. Das klingt wunderbar? Dann warten Sie nicht lange und holen Sie sich Ihr Gratis-Geschenk.

Hier geht es zu Ihrem Gratis-Geschenk:

https://forms.gle/Q3yZvaPqMzPwKJT56

1. **Öffnen Sie die Kamera-App auf Ihrem Smartphone und richten Sie die Kamera auf den QR-Code.**
2. **Klicken Sie auf den Link, der Ihnen angezeigt wird und schon werden Sie zur Website weitergeleitet.**

Impressum

Herausgeber: Orbita Media Verlag GmbH & Co. KG / Ericusspitze 4 / 20457 Hamburg
Kontakt: kontakt@empireofbooks.de
Website: https://empireofbooks.de
Coverbild: Shutterstock

Haftungsausschluss:
Die Nutzung dieses Buches und die Umsetzung der enthaltenen Informationen, Anleitungen und Strategien erfolgt auf eigenes Risiko. Der Autor kann für etwaige Schäden jeglicher Art aus keinem Rechtsgrund eine Haftung übernehmen. Haftungsansprüche gegen den Autor für Schäden materieller oder ideeller Art, die durch die Nutzung oder Nichtnutzung der Informationen bzw. durch die Nutzung fehlerhafter und/oder unvollständiger Informationen verursacht wurden, sind grundsätzlich ausgeschlossen. Rechts- und Schadenersatzansprüche sind daher ausgeschlossen. Dieses Werk wurde sorgfältig erarbeitet und niedergeschrieben. Der Autor übernimmt jedoch keinerlei Gewähr für die Aktualität, Vollständigkeit und Qualität der Informationen. Druckfehler und Falschinformationen können nicht vollständig ausgeschlossen werden. Es kann keine juristische Verantwortung sowie Haftung in irgendeiner Form für fehlerhafte Angaben vom Autor übernommen werden. Die bereitgestellten Analysen, Vorschläge, Ideen, Meinungen, Kommentare und Texte sind ausschließlich zur Information bestimmt und können ein individuelles Beratungsgespräch nicht ersetzen. Alle Informationen dieses Buches entsprechen dem Kenntnisstand zum Zeitpunkt des Verfassens dieses Buches. Eine Haftung für mittelbare und unmittelbare Folgen aus den Informationen dieses Buches ist somit ausgeschlossen.
Informieren Sie sich weitläufig aus unterschiedlichen Quellen und bedenken Sie, dass am Ende nur Sie für die Entscheidungen verantwortlich sind.

Haftung für externe Links:
Unser Angebot enthält Links zu externen Websites Dritter, auf deren Inhalte wir keinen Einfluss haben. Deshalb können wir für diese fremden Inhalte auch keine Gewähr übernehmen. Für die Inhalte der verlinkten Seiten ist stets der jeweilige Anbieter oder Betreiber der Seiten verantwortlich. Die verlinkten Seiten wurden zum Zeitpunkt der Verlinkung auf mögliche Rechtsverstöße überprüft. Rechtswidrige Inhalte waren zum Zeit-punkt der Verlinkung nicht erkennbar.

WirmachenDruck.de
Sie sparen, wir drucken!